修一颗自然心 释然一切起伏

淡定是一种境界

主编 拾　月
编著 陈小梦

图书在版编目(CIP)数据

修一颗自然心 释然一切起伏：淡定是一种境界 / 陈小梦编著. -- 北京：现代出版社, 2015.4（2024.12重印）
ISBN 978-7-5143-3498-2

Ⅰ. ①修… Ⅱ. ①陈… Ⅲ. ①人生哲学 - 青少年读物 Ⅳ. ①B821-49

中国版本图书馆 CIP 数据核字(2015)第 067807 号

修一颗自然心 释然一切起伏：淡定是一种境界

主　　编　拾　月
编　　著　陈小梦
责任编辑　王敬一
内文制作　诚美天下文化传播有限公司
出版发行　现代出版社
地　　址　北京朝阳区安外安华里 504 号
邮　　编　100011
电　　话　(010)64267325
传　　真　(010)64245264
邮　　箱　xiandai@cnpitc.com.cn
网　　址　www.1980xd.com
印　　刷　唐山富达印务有限公司
开　　本　700mmx1000mm　1/16
印　　张　9
版　　次　2015 年 5 月第 1 版　2024 年 12 月第 4 次印刷
书　　号　ISBN 978-7-5143-3498-2
定　　价　57.00 元

前言

每个青少年，都是这个社会中宝贵的财富，正所谓“少年强则国强”，大至一个民族、一个国家，小至一个家庭、一个家族，都应重视青少年的教育问题。除此之外，也应该重视青少年在这个青春期里，是否能够感受到人世间的善、恶、美、丑。在每个人的人生中，除了需要自身独特的性格之外，还需要拥有感受世界的能力。

勇气、淡定，是面对生活中挫折和荣耀时，该拥有的魄力和态度。

浪漫、珍惜，是成长路上的一种幸福，情感路上的一种懂得。

孝道、感恩，是乌鸦反哺、羔羊跪乳的做人之本，是成就阳光人生的支点。

紧张、守候，是释放无形压力，是量变到质变的成功。

大气、做人，是超凡脱俗后的快乐，是收获友情的聚宝盆。

青春，是每一个人最美好的一段时光，是人格、性格定型的重要阶段。在这个时期，我们需要享受青春的快乐，同时也需要完成自我塑造。通过心理自助，最终从一个小男生、小女生逐渐成长为一个有着健全人格的人，成长为一个对社会、对家庭、对自我有着相对完整认知的人，对自己的未来做主的人，这才是一个最充实、最有价值的青春。每个梦想都值得我们认真对待，每个青少年都是未来的希望。在青春中，我们不仅要有欢乐，同时也要拥有未来！

本丛书是你化解烦恼的“心灵鸡汤”，可以给你快乐的心理自助；本丛书会让你认识到：掌控心理，方能掌控世界；改变自己，才能改变一切。本丛书还将告诉你：只有实现积极的心理自助，才能收获快乐而充实的青春。

目录

第一篇 回归质朴：看淡人世间的心酸与无奈

有妄想的内心永远不得平静 002
生命的意义在于过程而不是结果 006
浮华流沙而逝，不如淡泊的活 012
别给带自己戴上虚荣的沉重面具 016
接受不幸，你会感到新的幸福 020

第二篇 随缘自适：静下心来耐心倾听花开花落

028 做一个泰山般宠辱不惊的人
034 不需太多看重人生的起伏
040 懂得随遇而安，自然无欲则刚
046 不让浮躁扰乱原本静好的心灵
052 用最简单的心面对最复杂的世界

第三篇 淡化恩怨：人生最大的敌人是你自己

背着仇恨袋的人无法远行 060
为自己活，成为一个有风度的人 066
宽容的是他人，释然的是自己 072
学会体谅别人就能扫清心灵的阴霾 076
懂得欣赏对手，你会收益更多 080

目录

第四篇 接受不公：看开一些生命会更加轻松

086 宽容地对待自己的缺点
090 以平常心面对生命中的得失
096 用淡定的态度面对偏见
100 放下抱怨，让心灵轻装前行
104 请欣赏跌倒时的另类美景

第五篇 正面自己升华心灵，做最坦然的自己

做好自己，不一味嫉妒他人 110
别人的脚印里走不出自己的人生 114
自己的幸福需要自己争取 118
讨好他人往往会迷失自我 124
心境坦然，才能拥有想要的人生 035

第一篇

回归质朴：看淡人世间的心酸与无奈

看淡了，是是非非也就无所谓；放下了，成败得失也就那么回事。面对得失，有些人内心豁达，不会纠结很久，遇到什么都能随遇而安，心安了也就自在了；有些人则耿耿于怀，难以面对，要么愤世嫉俗，要么自暴自弃，给自己和他人都带来了困扰。所以，外境好坏并不是苦乐的来源，真正的始作俑者，是我们的心。

有妄想的内心永远不得平静

故事话题

美国人艾迪•雷根伯克在探险时，同伙伴们迷失在了浩瀚的太平洋里，他们毫无希望地在救生筏上漂流了 21 天之久。艾迪说：“我从那次经验里所学到的最重要的一课是：如果你有足够的新鲜的水可以喝，有足够的食物可以吃，你就绝不要再抱怨任何事情了。”

后来，艾迪在他浴室的镜子上贴上了这样几句话，好让自己每天早上刮胡子的时候都能看到：人家骑马我骑驴，回头看看推车的，比上不足，比下有余。

知足，是对欲望的一种理性的审视。对于知足常乐，俄国作家契诃夫有着深刻的体会。他说：“为了让内心不断感到幸福，甚至在忧伤悲愁的时候也不变，那就需要善于满足现状。高兴地体会到‘本来事情可能更糟’。如果你有一颗牙疼起来，那你就要欢欢喜喜，因为你不是满口牙都疼。你手上扎了一根刺，你要高兴地喊一声：‘幸亏不是扎在眼睛里。’”

红尘滚滚，步履匆匆。天下熙熙，皆为利来；天下攘攘，皆为利往。浮躁的心难得被什么打动。不经意间，却听到一个平淡却可以震撼心灵的故事。

故事解析

如果一个人心中的欲望是很有限的，那么对于他来说，外界获得的东西是多是少都与自己毫无瓜葛。少了，不足以产生内心的不平衡；多了，不会助长自己的欲望。而如果一个人心中时刻充满着无尽的欲望，那么他就永远不会有舒心的时候。名轻利少则一心想着往上爬、挣大钱，名成利收之后，欲望却又会再一次膨胀。如此循环下去，永远追求着名利，直到即将走到生命尽头也仍不满足，这样的生命是没有意义价值的。

当下，人们面对着花花绿绿的精彩世界，更应当有淡名寡欲的思想，如此方能在纷繁的世界里，在众多的不公平中，在自己的心中，构筑一片宁静的田园。所以，如果你渴望轻松，渴望真正获得生命的意义，那么从现在起，看淡名利，看淡那些生不带来死不带去的过多的负赘。满足现状，是最具理性的处世智慧。

故事穿越

一对年已耄耋的老夫妇，女的因偏瘫长年卧床，男的患了轻度的老年痴呆症。每天，做丈夫的总是坐在妻子的床旁，默默地陪伴着老妻，偶而说上几句话；做妻子的则总是抓住丈夫的一只手，无言地摩挲着。

到了吃饭的时间，丈夫就会搀扶起妻子，走到饭桌边，和儿子一家共同进餐。老妇人如果不慎呛一下，丈夫那一只布满老年斑的大手，还会轻轻拍打她的后背，让她舒服些。

吃过饭，两位老人就手拉手地在沙发上小坐，看着儿孙们收拾饭桌。一日又一日，老人们就这样和儿子一家过着清贫的生活。

故事微语

从这对老夫妇平常的生活中，我们不难读出他们在几十年沧桑岁月中相濡以沫的幸福。这样一种平淡的幸福，即便是拿黄金万两与之相比，又能算得上什么呢？

要能够在纷繁的大千世界始终保持着平和的心态，就要有穷通达观的人生态度。所谓穷通达观的人生态度就是指“穷亦乐，通亦乐”：身处贫穷之中能够找到生活的乐趣，感到快乐；身处富裕之中也能够心态平和，享受生活之乐。

说到底，在生活中我们应该始终保持乐观的生活态度，采取一种顺应命运、随遇而安的生活方式，那么不管是处于顺境还是逆境，我们都能过快乐的、自由自在的生活而不会庸人自扰，不会羡慕那些有钱的大款和老板，不会抱怨自己的命不好。

心灵箴言

淡泊以明志，宁静而致远。

——诸葛亮

无所事事并非宁静，心灵的空洞就是心灵的痛苦。

——[美] 库柏

纯朴者是何等有福，因为他们享受着极大的宁静。

——[德] 国坎普滕的托马斯

智慧最明显的标志就是恒定的欢乐，它的境况有如目外的景物，永远的宁静。

——[法] 蒙田

生命的意义在于过程而不是结果

故事话题

有这样一个故事：有位老人，从东欧来到美国，肚子饿了，于是在曼哈顿的一间餐馆想找点东西吃。

他坐在空无一物的餐桌旁，等着有人拿餐盘来为他点菜，但是等了许久都没有人来。直到他看到有个女人端着满满的一盘食物过来坐在他的对面。老人问女人怎么没有服务生，女人告诉他，这是一家自助餐馆。果然，老人看见有许多食物陈列在台子上排成长长的一行。

女人对老人说："从一头开始你挨个地拣你喜欢吃的菜，等你拣完到另一头，他们会告诉你该付多少钱。"老人点点头表示明白了，从此他知道了在美国做事的法则："在这里，人生就是一顿自助餐。只要你愿意付费，你想要什么都可以，你可以获得成功。但如果你只是一味地等着别人把它拿给你，你将永远也成功不了。你必须站起身来，自己去拿。"

故事解析

生命的意义在于过程，而不是结果。如果一个人不能把控过程，那么，结果就未必能是理想的。我们想要的幸福，不是依靠别人给予的，我们无须向外寻求一个幸福的宿主。依赖别人给你一份美好的生活享受，更像是一个很不靠谱的童话故事。在依赖中寻找幸福的人，恰恰会被依赖心理所束缚。所以，即便最终能够获得一份安逸的生活，也不能算是心安理得的。

著名作家郑渊洁说：“把希望寄托在别人身上意味着把失望留给自己。”我们不应该是别人的附属品，不应该是幸福的寄生者；否则，一旦别人远离了我们，我们就只能接受幸福的远离。一个人主宰不了世界的变化，却可以主宰自己的幸福。

幸福是需要自己去创造，去把握的，没有人能永远给你幸福。妄图别人承载自己幸福的人，往往会活得更加痛苦，一次次满怀希望又一次次直面希望的破灭。事实上，只有将幸福紧紧把握在自己手中，寄托在自己身上，才能保证自己的幸福可以长久地继续下去。

故事穿越

有一对犹太老夫妇，他们很穷，上顿有下顿没有的日子多得数不清。在一次断粮时，老头对妻子说："老伴，咱们给上帝写封信吧。"于是他们真的写了一封信，向上帝求助，甚至还签了名，写了地址，并且封好。

"我们怎样才能把这封信寄到上帝那里去呢？"老伴不放心地问。

"上帝无所不在。"老头答道，"我们的信无论用什么方法寄，他都一定能收到。"于是他走出门去，把信一扔，看着信被风吹走了，他也进屋了。

这封信随风飘荡，最终落到了一位富人的手里。他好奇地捡起信，被信里老夫妇的虔诚和天真给打动了，富人非常同情他们，并决定帮助他们。于是，他按照信上的地址，敲开了老夫妻的门。"约瑟先生住在这里吗？"他问道。

"我就是，"老头答道。富人对他说："几分钟之前上帝收到你的信，我是他在美国的使者，他叫我给你送来100美元，聊补一下生活。"

"你瞧怎么样？"老头高兴地大声说，"上帝收到我们的信了！"

老夫妇收下了钱，对上帝的使者千恩万谢。但当那位先生走后，老头满腹狐疑。妻子问他怎么了，老头幽默地说："那个代理人看上去一点也不诚实，他可能同我们耍了滑头。很可能上帝给了他200美元，可他却留了一半做佣金。"

故事微语

故事中的老头并不是真的在怀疑富人，只是跟老伴儿逗趣，调侃了几句而已。人富有未必就开心，贫穷未必就苦闷，一个人幸福与否，不在于他是谁，在哪里，拥有什么，而是在于他怎么想。生活中要充满笑声和欢乐，这才是明智的人生。俗话说：“笑一笑，十年少。”意思就是让我们对生活充满激情，尽情享受生活的每一天。

面对痛苦，不要一味地回避和躲让。因为有了痛苦，人生才变得多姿多彩，意志才变得坚忍不拔，思维才变得成熟敏捷。学会迎接痛苦、医治痛苦、化解痛苦，将痛苦看做一种锻炼。它是走向幸福生活的开始。

痛苦与快乐，就像是一张纸的正反两面，永远是相辅相成的。当面对痛苦时，要用快乐的心态去对待它。应该这样想：正因为有了痛苦，快乐才如此让人记忆深刻，它让生活多了一种味道。让我们更珍惜幸福。

一个拥有幸福感的人，无论走到哪儿，都会觉得自己很幸福。要想成为一个幸福的人，必须先敞开自己的心扉。就像亚伯拉罕·林肯说过的：“我一直认为，如果一个人决心想获得某种幸福，那么他就能得到这种幸福。”选择幸福才会感到幸福，不论结果是贫穷还是富裕。

心灵箴言

人类唯有在实现自己美好理想的过程中才能前进。

——[俄] 季米里亚捷夫

人生最大的快乐不在于占有什么，而在于追求什么的过程。

——[德] 本生

一个有真正大才能的人却在工作过程中感到最高度的快乐。

——[德] 歌德

在这努力追求的过程中，我们觉得生命有意义，活着有价值。

——[法] 罗曼·罗兰

浮华流沙而逝，不如淡泊的活

故事话题

阿里，是阿拉伯著名的作家。有一回，他跟好友吉伯、马沙一同外出旅行。三个人经过一个山谷时，马沙不慎失足，滑了下去。眼疾手快的吉伯一把抓住了他的衣襟，把他救了上来。

为了永远记住吉伯的救命之恩，心中充满感激之情的马沙在附近的大石头上用刀刻下了一行字，上面写着某年某月，吉伯救了马沙一命。

三人继续前行，过了几天来到了河边。这时候由于长途跋涉的疲劳让他们的心情变得烦躁，于是吉伯与马沙为了一点小事争吵了起来。吉伯一气之下打了马沙一耳光，马沙被打得眼冒金星，但是他没有还手，而是一口气跑到沙滩上，用很大的力气在沙滩上写了一行字：某年某月某日，吉伯打了马沙一记耳光。

旅行很快结束了。回到家乡，阿里怀着好奇心问马沙：“你为什么要把吉伯救你的事刻在石头上，而把他打你耳光的事写在沙滩上呢？”

马沙平静地回答：“我将永远感激并且永远记住吉伯救过我的命，至于他打我的事，我想让它随着沙子的运动忘记得一干二净。”

故事解析

很多人都会为了一些过往而耿耿于怀，甚至郁郁寡欢。其实，那些都是陈年旧账了。如果为此所困，始终不开心，常年处于负面、阴暗的心态中，就会严重损害身心健康。

殊不知，有的事情刻骨铭心，永世不能忘；有的事情则要尽快淡忘。所谓事来则应，事去则净。我们应淡忘人生中的挫折与不幸，淡忘流言蜚语，淡忘冷遇和种种烦恼，这样才能摆脱往事的阴影，保持随缘常乐的状态。否则，如果纠缠于昔日的痛苦之中，久而久之，就会对身心造成双重伤害，导致疾病。

人生短暂，不要为了过去的痛苦伤害自己。对我们最有害的是怀恨、不满和烦恼，如果把这些不良的情绪都融化掉，甚至可以治愈癌症。我们应该对过去网开一面，宽恕所有的人。宽恕别人就是爱护自己，世上最有力量的是宽恕，是慈悲。拥有平常心的人能够淡忘不快，抛开烦恼，使自己的生活充满祥和与友爱。

故事穿越

早年丧母的她，独自帮助父亲把三个弟妹养大成人，供上大学。后来她嫁人了，又遭遇婆婆病重，病愈后却瘫痪了。她的工作是工资很低的代课老师，为了支撑这个家，她向村里人要了人家不愿耕种的田地，下课以后就去侍弄。地里自己吃不完的，还可以拿到市场上去卖。她晚上不但要备课，照顾婆婆，还要安顿两个年幼的孩子。虽然她总是那么忙，但是她从来没有因为家而拖累自己的工作学习。

在学校，她的教学水平跟那些从正规学校出来的老师不相上下，她教的学生评比出来还是年年第一。有空的时候，她还会带着孩子去远足，去郊游。今年她还参加了民办教师转正考试，结果考了全县第一。

有人问她：你会觉得这样过日子会不会很辛苦？她爽朗地笑了。告诉人们，生活虽然清苦些，但很踏实，很满足。平常看着一家人坐在一起吃饭，上课时看着孩子们充满渴望的眼睛，劳作时看着那一片绿得流油的庄稼，心里就会感到一种难言的幸福。人不是有钱就幸福，钱少些，同样可以过得很幸福。

故事微语

生活只是那一杯水，要靠自己慢慢去品味，细细去咀嚼，用心去欣赏。你会发现，原来，最幸福的生活，就是在那如水的平淡中活出精彩。

当我们抱怨自己的生活不够幸福时，也许只是未曾理解幸福的意义，所以才会一再地错过跟反复索求。很多时候，许是我们太过轻视自己的生活条件，一而再再而三地忽略掉身边的幸福。其实，生活很简单，幸福也很简单。正因为如此，幸福总是简单地存在着，没有什么特别的附加条件；它不会高高在上，让人难以捉摸。

每个人都有拥有幸福的权利，不过前提是我们要对生活充满信心，要对生活保持淡然的态度。幸福是生活中那些平凡的点缀：一杯热茶，一口热饭，一个香甜可口的馒头，一份工资不高但还算快乐的工作，一间可以遮风挡雨的小茅屋，一个小小的私人空间，一种不很如意但却自在的生活。

当你自认为一无所有的时候，才是人生最大的不幸，因为你也许还不曾在生活中挖掘到最有意义的东西，就错过了最有价值的东西。人生任何时候都不要对生活失去信心，不要把人生种种不如意的境遇当成毫无可能的绝境，也不要把平淡无奇、波澜不惊的生活状态看做是平庸的表现。人生，或许是平淡和卑微的，但是幸福却依然值得等待；只要我们拥有一双发现美的眼睛，就可以发觉和品味生活的幸福。

心灵箴言

其穷也不忧，其乐也不淫。

——柳宗元

富贵非吾事，归与白鸥盟。

——辛弃疾

静随芳草去，闲逐野云归。

——邵雍

我自不开花，免撩蜂与蝶。

——郑燮

别给带自己戴上虚荣的沉重面具

故事话题

从前，有两个墨西哥人沿密西西比河淘金。途中，有个人认为：阿肯色河可以掏到更多的金子，而另一个人却认为：去俄亥俄河发财的机会更大。于是，他们到了一个河岔就分头行动了。

10年后，去俄亥俄河的人果然发达了，他不仅找到了大量的金沙，而且建了码头，修了公路，还使他落脚的地方成了一个大集镇。现在俄亥俄河岸边的匹兹堡市商业繁荣，工业发达，无不起因于他的拓荒和早期开发。而进入阿肯色河的人似乎没有那么幸运，自分手后就没了音讯。有的说已经葬身鱼腹，有的说已经回了墨西哥。

又过了50年，一个重2.7公斤的自然金块在匹兹堡引起轰动，人们才知道他的一些情况。当时，匹兹堡《新闻周刊》的一位记者曾对这块金子进行跟踪，这位记者写道：“这颗全美最大的自然金块来源于阿肯色，是一位年轻人在他屋后的鱼塘里捡到的，从他祖父留下的日记看，这块金子是他的祖父扔进去的。”

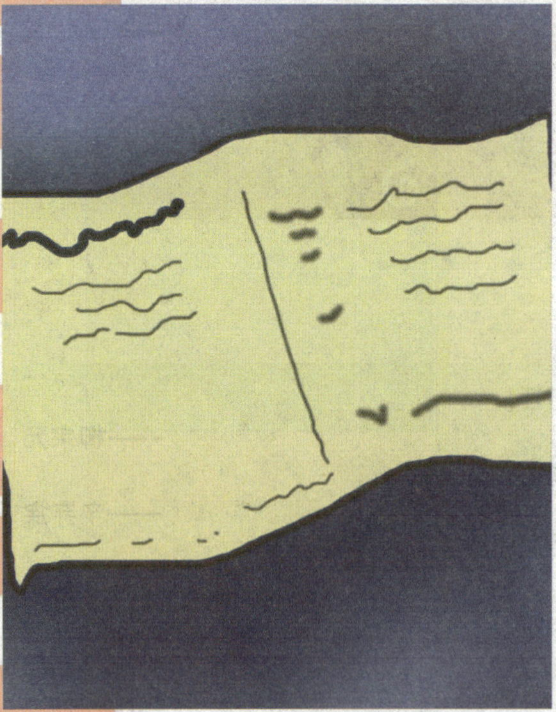

随后，《新闻周刊》刊登了那位祖父的日记。其中一篇是这样写的：“昨天，我在溪水里又发现了一块金子，比去年淘到的那块更大，怎么处置？进城卖掉它吗？那就会有成千上万的人拥向这儿，我和妻子亲手用一根根圆木搭建的棚屋，挥洒汗水开垦的菜园和屋后的池塘，还有傍晚的火堆、忠诚的猎狗、美味的炖肉、山雀、树木、天空、草原，大自然赠给我们的珍贵的静逸和自由都将不复存在。与其如此，我宁可把这块金子扔进鱼塘。”

故事解析

了解历史的人都知道，18 世纪 60 年代，正是美国开始创造百万富翁的年代，每个人都在疯狂地追求金钱。可是，这位淘金者却把淘到的金子扔掉了。有人说他是傻子，自己不要，何不送人，扔掉太可惜。实际上，真正淘到金子的人不是别人，正是这个被人称作傻子的淘金者，他才是真正的智者。

财富和幸福之间，是不能等同的。如果一个渴望幸福的人却把追逐的对象放在了财富跟虚荣上，即使他追到了自己生命的尽头，他也不会看到幸福是什么样。

拥有金钱，并不等于拥有幸福，但拥有幸福，一定跟金钱有关系。金钱不能买来一切，比如再多的金钱也未必能买来知识、健康、快乐、爱情、幸福。无论正反对错，诸如此类的格言无不是在表明同一个问题：金钱与幸福之间存在着密切关系。

在财富与幸福关系的数据分析中发现："衣食足"的人群中，财富的多寡，与主观幸福体验没有多大关系。或者说，在达到舒适温饱之后，财富的增加所带来的幸福感会越来越弱。正如一个研究者所形容的，开奔驰上班的人，并不一定比坐公车上班的人幸福很多。可见，财富和幸福感是不成比例的，财富未必意味着绝对的幸福。

故事穿越

相传宙斯结婚时，举行了一个盛大的宴会，他招待了所有的神和动物参加，但唯独乌龟没有出席。事后宙斯问乌龟为什么不来赴宴，乌龟回答说，我家里虽然没有醇酒美食，华衣乐舞，更没有豪华的宫殿、气派的居所，我也享受不过来那么多好东西，我觉得在家挺好的，所以没去。

听了乌龟的这番回答，宙斯气愤至极，就罚乌龟永远驮着他的家行走。

乌龟的好友不解地问："你怎么就不悲伤呢？"

乌龟答道："拥有这么美好的一个家，我为什么要悲伤呢？我的双亲虽然好几百岁了，可他们身体很好，再活上百八十年也没有问题；我的一双儿女虽然年幼，但他们聪明伶俐，将来一定会有出息；我的妻子虽然偶尔会有些小病，但她坚强乐观，待公婆也特别孝顺；我吃的虽是粗茶淡饭，但都清洁卫生，新鲜可口；我穿的虽然不是油亮毛皮，但是结实耐穿；我的生活每天都能面对阳光，面对清泉……老天待我不薄了，我知足了。"

动物们听了这一席话，不禁充满羡慕地叹道："说的有道理。"

故事微语

生活中常能看见一些愁眉苦脸的人整日里在抱怨，他们那种追求物质享受的无穷欲望，以及崇尚豪华体面的心理，使他们成为财富的奴隶。买了大房子还想买更大的房子；小汽车换了一辆又一辆；家具换了一套又一套。他们对财富跟权利的欲望不断膨胀，直接影响了健康、爱情、婚姻、家庭及快乐，整天为此疲于奔命，寝食难安，带来无限的烦恼。更有甚者，忙碌中也达不到目的，就铤而走险，采取违法手段来满足欲望。

反之，生活中坦然、快乐的人倒是那些出入平常居室的人，他们没有尔虞我诈，没有卑躬屈膝，生活的倒也安稳。如果我们不可能改善我们的经济情况，我们还可以改进心理态度。且让我们记住，即使我们拥有整个世界，我们一天也只有吃三餐，一次也只能睡一张床——即使是一个挖水沟的工作也可如此享受。

人的需要其实是很低的，人的无限欲望是不理智的，人们只有放下过分、过强的欲望，才能让自己被重重压迫的心灵得到舒缓和解放。

心灵箴言

虚荣是虚伪的产物。

——[苏格兰] 托·卡莱尔

虚荣是其他人的骄傲。

——佚名

虚荣的最高形式是爱名望。

——[美] 桑塔亚那

虚荣是骄傲的食物，轻蔑是它的饮料。

——[美] 富兰克林

接受不幸，你会感到新的幸福

故事话题

在造船历史悠久的西班牙港口城市巴塞罗那，有一家著名的造船厂，这个造船厂从建厂的那一天至今，已有1000多年的历史。这里一开始就立了一个规矩：所有从造船厂出去的船舶都要造一个小模型留在厂里，并把这只船出厂后的命运刻在模型上。

厂里有房间专门用来陈列船舶模型。因为历史悠久，所造船舶的数量不断增加，陈列室也逐步扩大，从最初的一间小房子变成了现在造船厂里最宏伟的建筑，里面陈列着将近10万只船舶的模型。所有走进这个陈列馆的人，都会被那些船舶模型所震撼。不是因为船舶模型造型的精致和千姿百态，不是因为感叹造船厂悠久的历史和对于西班牙航海业的卓越贡献，而是被每一个船舶模型上面雕刻的文字所震慑。

有一只名字叫西班牙公主号的船舶模型上雕刻的文字是这样的：本船共计航海50年，其中11次遭遇冰川，有6次遭海盗抢掠，有9次与另外的船舶相撞，有21次发生故障抛锚搁浅。每一个模型上都是这样的文字，详细记录着该船经历的风风雨雨。

在陈列馆最里面的一面墙上，是对上千年来造船厂的所有出厂的船舶的概述：造船厂出厂的近10万只船舶当中，有6000只在大海中沉没，有9000只因为受伤严重不能再进行修复航行，有6万只船舶都遭遇过20次以上的大灾难，没有一只船从下海那一天开始没有过受伤的经历……

现在，这个造船厂的船舶陈列馆，早已经突破了原来的意义，它已经成为西班牙最负盛名的旅游景点，成为西班牙人教育后代获取精神力量的象征。

故事解析

这就是西班牙人最智慧的地方：所有船舶，不论用途是什么，只要到大海里航行，就会受伤，就会遭遇灾难。如果因为遭遇了磨难而怨天尤人，因为遭遇了挫折而自暴自弃，因为面临逆境而放弃了追求，因为受了伤害就一蹶不振……那你就大错特错了。人生便是这样，只要你有追求，只要你去做事，就不会一帆风顺。

或许，面对厄运时，我们会痛苦、自怜甚至怨天尤人；我们会有一颗叛逆的心，面对不公，我们会反抗、拒绝甚至挥拳相向。但马诺哈尔夫妇却向我们展示了另一种力量：接受命运。接受命运不是屈服，不是漫不经心和无精打采。而是一种结合了理解、谦卑和坚强的力量。它让你把身体的疼痛和心灵的悲伤抛在脑后，关注自己力所能及的事；它让你远离懊悔、愤怒和仇恨，享受和珍视生活的点点滴滴、生命的每时每刻。只要我们拥有这种力量，无论厄运的风暴把生命之舟吹到什么样的荒岛，我们都能以主人的姿态上岸。

没有哪一艘船能永远不受伤，我们的人生，就像在大海里航行的船，只要你不抛锚，不停地去远行，那么你就不会不遭遇风暴，不会永远也不遭受损害而受伤。而只有坦然接受损伤，才会变得强大，才会获得新的幸福。

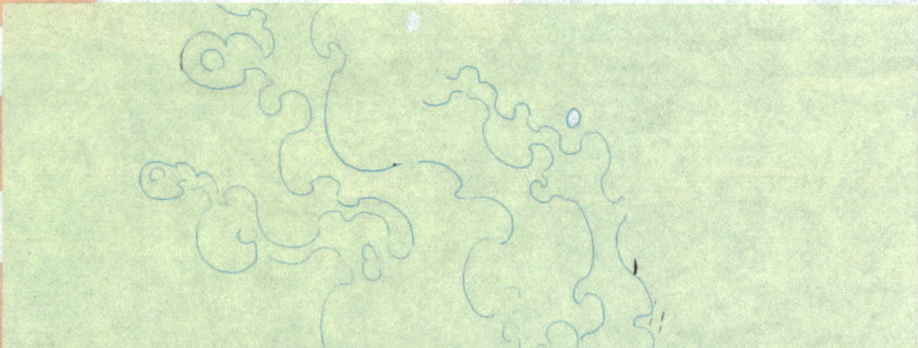

故事穿越

美国有一种家喻户晓的美食，叫做“琼斯乳猪香肠”。在它的发明的背后，还有一段催人泪下的与命运作斗争的故事。

琼斯是该食品的创始人，原本在威斯康星州农场工作。当时，他的家庭经济条件很差，家人生活比较困难，但他身体强壮，工作勤奋认真，只求好好过日子，从没妄想过发一笔横财。

天有不测风云，琼斯在一次意外事故中瘫痪了，躺在床上动弹不得。很多人都认为这下他这一辈子可交代了，然而事实却出人意料。琼斯身残志坚，始终都与命运作着斗争。虽然他的身体瘫痪了，但他的意志却没有

受到丝毫影响，依然可以思考和计划。他决定让自己活得充满希望和乐观、开朗些，他决定做一个有用的人，他不想成为家人的负担。

经过多日的沉思，他把最终构想告诉了家人：“我的双手虽然不能工作了，但我要开始用大脑工作，由你们代替我的双手，我们的农场全部改种玉米，用收获的玉米来养猪，然后趁着乳猪肉质鲜嫩时灌成香肠出售，一定会很畅销。”后来，他真的成功了。

故事微语

正所谓：“天无绝人之路”，生活丢给我们一个难题，同时也会给我们解决问题的能力与机会。琼斯之所以能够获得成功，就是因为他在面对人生中的沟沟坎坎时，没有退缩，没有畏惧；在困难面前，没有低头，没有被挫折吓倒，而是另辟蹊径，终于迎来了属于自己的成功。

所以，无论面对的是怎样的生活景况，无论生活带给自己的是什么样的痛苦和忧愁，请记住一句话，影响我们生活的不是处境，不是我们的身份，而是我们的心境，要让心情保持永远的畅快。

忧虑是人类所具有的最大弱点之一，它是心情畅快的大敌，但要追溯忧虑的根源，无疑是一些失意，担心和悔恨，如果这些根源或是记忆或是忘记都改变不了它的存在的话，记忆就不如忘记让人轻松。

心灵箴言

河有两岸，事有两面。

——俗语

任何教育都比不上灾难的教育。

——[英] 狄斯雷利

乐观者在一个灾难中看到一个希望，悲观者在一个希望中看到一个灾难。

——英国谚语

有时需要离开常走的大道，潜入森林，你就肯定会发现前所未见的东西。

——[美] 贝尔

第二篇

随缘自适：静下心来耐心倾听花开花落

真正的人生旅行，从来不是一堆照片的堆砌和满足内心小小的虚荣，正因如此，旅行并不仅仅是去看风景，更难得的是旅行之前的期待、旅行进行时的感动和旅行归来时的回味无穷。旅行无处不在，眼嘴手脚背叛不了我们的头脑，也瓦解不了我们的意志。不论是细水长流，还是走马观花，因为快乐，所以旅行。

做一个泰山般宠辱不惊的人

故事话题

有个意大利警察在街上巡逻，这时，他发现一个满身酒气的酒鬼正摇摇晃晃地向自己走来。酒鬼拦住了他，要求他拿来一支烟。这个警察根本不认识酒鬼，更无意理会酒鬼无聊的举动和要求，所以视若无物一般地走了过去。

酒鬼有些生气，死死抓住警察的衣角不放手。这让警察十分恼火，心想这样的酒鬼见过得多了去了，根本就不当一回事儿。谁知这个酒鬼醉得太厉害了，死活都要警察给他一支烟。警察使劲推开酒鬼的手，结果两人纠缠起来。

窝了一肚子火气的警察警告酒鬼不要闹事，否则就将他带到警局里处理。酒鬼却根本不害怕，反而壮着胆子说："你不就是有枪吗，威风什么，你敢拿枪打我吗？"面对围观的路人，警察觉得受了侮辱，一时冲动便开枪打死了挑衅的酒鬼。

故事解析

当我们遇到侵害时，常常会习惯性地冲动和愤怒，而且很容易产生以恶制恶、以暴制暴的想法。别人的一次无心之失，我们会当成是有意而为之；别人的一次顶撞，我们要当成无礼的挑衅；别人的一次言语失当，我们却要当成是人格上的侮辱——常常只是很小的过错而已，星星之火却也能轻易引燃内心的导火线。

忍耐，不过是恰到好处的等待，或早或晚，不早不晚，就在心静的那一刻。当你受到侵害并预备做出反击时，不妨先沉住气等一等，几分钟后，冷静下来的你，就会发现自己的愤怒毫无道理也毫无意义，而这几分钟内，你什么都没失去，而自己，也已经变得更加沉稳和从容。没有人能够夺走你的幸福，很多时候，也许你只是迷失了方向。心静的人善于等待幸福，而幸福也总是眷顾心静之人。

把握好自己的心灵，天堂和地狱就藏在平时的生活中，用心生活的人就能发现人间天堂，浮躁不安的人就容易走进人间炼狱。一念天堂，一念地狱，心灵就是打开天堂和地狱之门的一把钥匙。

故事穿越

一位电视台主持人在马上就要上镜的时候，接到一家私营企业老板的电话。那个老板向他许诺，如果他答应在节目中，巧妙地宣传一下他们公司的产品，那么就给他一笔不小的报酬。也就是仅仅几句话的事儿，就能让他在短短的几秒钟得到一笔非常可观的收入。

老板的请求让他内心很矛盾，因为那段时间他太需要一笔钱了。妻子因单位效益不好而被分流下岗；年近八十岁的老母亲不慎从楼梯摔下来，半身不遂住进医院；住房贷款已经几个月没交了，银行的催款通知一封接一封。

他的脑子里，全都是做或不做的问题，激烈的思想斗争令他不知所措。忽然，他想起母亲曾经说过的一句话："小偷一斗油，长大偷头牛。"想到这里，他的心很快平静下来了，从容地进入主持状态。他对那家公司只字未提，轻松超脱地做完了节目。

后来，他做的那期节目被选送到省台参加评奖，并最终顺利地获得了金话筒奖。再后来他就听说，当初给他打电话的那家公司因生产假冒伪劣产品而被工商部门查处，并在全市曝光。

故事微语

一念成佛，一念成魔；一念是天堂，一念是地狱。人心的偏向之处，就是天堂和地狱的分水岭。《菜根谭》中说："一念之善，万物皆善；一念之嗔，千般为恶。"善念即成，一转身便会是天堂；恶念即生，一转身便就是地狱。每个人心中都装着天堂和地狱，善意满怀的人打开了天堂的门，世界便是天堂，恶念丛生的人打开了地狱的门，人间便是地狱。

人心有善恶之念，世界中自然就会显现出天堂与地狱的分别。你念它

是天堂，它就是天堂；你念它是地狱，它便是地狱；你心中记挂着幸福，自然处处都是天堂；你心中放不下苦难，自然处处都是地狱。宽容于人的大度，人生便是天堂；报复于人的恶行，造就人生的地狱。

天堂和地狱，来自于人心一念之间的选择，所以，从某种意义上说，天堂和地狱之间的距离，也许只是你的一个转身而已。当我们浮躁的时

候，要努力抑制自己的冲动，及时消除心中的恶念，防止自己陷入到人生的沼泽地中。古人说："勿以恶小而为之，勿以善小而不为。"人生的错误，总会在不经意间，因为自我放纵而形成，哪怕是一丝一缕的邪念，也足以毁了自己。

人生没有多少机会可以重来，没有多少错误可以弥补。当我们走进思虑的地狱时，等待的也许就是难以超脱的苦痛，所以必须要作出明智的选择，必须要懂得及时控制住自己的情绪。

心灵箴言

不以物喜，不以己悲。

——范仲淹

三十功名尘与土，八千里路云和月。

——岳飞

宠辱不惊，闲看庭前花开花落；去留无意，漫随天外云卷云舒。

——陈继儒

不羡黄金罍,不羡白玉杯,不羡朝入省,不羡暮登台,千羡万羡西江水,曾向竟陵城下来。

——陆羽

不需太多看重人生的起伏

故事话题

据说东方的渤海国宰相去世的时候，国王想从两个同样优秀的年轻大臣中选择一人做新宰相。国王把他们俩留在宫中，分别让人告诉他们："祝贺你，明天国王将宣布你做宰相！"

然后，国王让人领他们回到各自的房间睡觉，然后，国王躲在隔壁仔细观察两人的动静。其中一个人，因为内心太过激动而彻夜未眠；而另一个人，走进卧室不久，就已经呼呼大睡起来，鼾声四起，直到第二天仆人把他叫醒。

能静静入睡的那位大臣当了宰相，而一夜未眠的那位落选了。

国王说："一听说要当宰相就激动得睡不着觉的那位说明他心里放不下事。当宰相，就要有腹中能撑船的度量。"

故事解析

事实也正像这位国王说的一样，有种人心里不能存事儿，遇事就会焦躁不安，满脑子猜测事态的发展趋势，担心好事还是祸事，有利于己还是有损于己，这样的人，是成不了大气候的。他的这种焦躁不安，不纯粹是兴奋，更多的是出于“担心”这种心态。

在这个世界上，没有什么比顺其自然更具有力量，没有什么比顺乎本性更富有智慧；平常心就是最强大的力量。我们何须太过在意人世间的浮浮沉沉，那不过是自寻烦恼而已。存在着的自然可以存在，失去了的也可以淡然失去，根本不必想象得那样复杂，就像吃饭睡觉一样自然，饿了就吃，困了就睡，根本没有什么理由好去攀缘附会的，因为谁也没有必要去给吃饭和睡觉找出一个理由来。若以平常心来看，这就是生活的真实面貌，我们无须过多地干预。

很多时候，我们都会以自己的利好关系来评判有些事情的或好或坏，合理或不合理，所以，世界也就成为了人心的一个投影，心动了，便是风动，便是树影婆娑，便是春波皱起。其实世间依旧如同原样，只是我们的心不够淡定。做人当没有分别心，没有得失心，没有执著心，没有名利心，人生平平淡淡而来，也当平平淡淡而去。

故事穿越

美国内战期间，林肯总统如果没有学会对排山倒海的各种恶言攻击置若罔闻，恐怕他早就精神崩溃了。林肯应付无端侮辱诽谤的方法已被奉为经典。

麦克阿瑟将军曾把林肯的至理名言放在指挥总部的办公桌上，另外，丘吉尔的书房里也放着一份。林肯如此对待：“只要我不对任何诽谤做出反应，这件事就到此为止。我问心无愧尽力而为，我将继续如此直到生命的最后一刻。

最后，如果结果证明我正确，那么所有的责难都毫无意义。反之，如果结果证明我错，即使有10位天使为我作证拥护我是正确的，也毫无用处。”

故事微语

很多时候，是我们自己看不透世事浮华，想不清人伦生死，辨不明是非善恶，更放不下名利和得失。我们希望找到生活的捷径，却总是在迷惑中焦躁不安。我们执著地想要了解生活的真相，结果执著了一辈子，到头来不过是在雾里挣扎着痛苦了一生。

追求看不开的东西，注定会被束缚，执著于看不开的东西，就注定被禁锢。生活也许当真需要一个答案，但这个答案或许并不是依靠眼睛去看明白的，也不是依靠思维去想明白的。

人生就像是一场旅行，道路的崎岖，一路的相逢与错过，都不是我们

自己能决定的，但这一段路走得是喜是悲，只取决于我们自己。如果你希望它欢喜快乐，那就该放下那些看不开的曾经，丢弃多余的包袱。轻装上阵，才能活得轻松自在、幸福多彩。

心灵箴言

会当凌绝顶，一览众山小。

——杜甫

不畏浮云遮望眼，只缘身在最高层。

——王安石

如果说我比别人看得更远些,那是因为我站在了巨人的肩上。

——[英] 牛顿

人生的旅途，前途很远，也很暗。然而不要怕，不怕的人的面前才有路。

——鲁迅

懂得随遇而安，自然无欲则刚

故事话题

河堤的树丛中，有三条从很远的地方爬过来的毛毛虫，它们准备过河，到一个开满鲜花的地方去。其中一条毛毛虫说：“我们必须先找到桥，然后从桥上爬过去。只有这样，我们才能抢在别人的前头，找到含蜜最多的花朵。”另一条说：“在这荒郊野外，哪里有桥？我们还是各造一条小船，从水上漂过去，只有这样，我们才能尽快到达对岸。”还有一条说：“我们走了那么多的路，已经疲惫不堪了，现在应该静下来休息两天。到时候，也许自然就有办法了。”

剩下的两条很诧异：“休息？简直是笑话！没看到对岸花丛中的蜜都快被喝光了吗？我们一路风风火火，马不停蹄，难道是来这儿睡觉的？”

话未说完，一条毛毛虫已经开始爬树，它准备折一片树叶，做成船，让它把自己带过河去。另一条则爬上河堤上的一条小路，它要寻找一座过河的桥。

剩下的一条躺在树荫下没有动。它想，畅饮花蜜当然舒服，但这儿的习习凉风也该尽情享受一番。于是，就钻进一片树林，找到了一片宽大的叶子，躺了下来。

河里的流水声如音乐一般动听，树叶在微风中如婴儿的摇篮摇来摇去，它很快就睡着了。不知道过了多少时辰，也不知道自己在睡梦中到底做了些什么，总之，一觉醒来，它发现自己变成了一只美丽的蝴蝶。

它的翅膀是那么的美丽，那样轻盈，轻轻扇动了几下，就飞过了河。此时，这儿的花开得正艳，每个花苞里都是香甜的蜜汁。它很想找到那两个伙伴，可是飞遍所有的花丛都没有找到——因为它的伙伴一个累死在路上，另一个被河水冲走了。

故事解析

人活着就是无奈的，但多数时候是我们让自己陷入到困境和纠结之中的。马祖道一说：“平常心是道。”世事固然复杂，如果我们能淡然处之，不争不贪，就不会让自己深陷其中，当然也就感觉不到人世的种种烦恼。恰恰如同在岸边观水一样，我们想象着水下有鱼儿的嬉戏争食，还有暗涌的喷薄动荡，然而居于岸上来看，满眼不过是平静如镜面的水。其实任它水下如何的涌动不安，我们只需成为一个淡然的看客就好，只要用平常心对待生活即可。

我们无法改变外面的世界，但我们只需要控制和把握好自己的人生和世界观，一切都要以更加淡定的心态来对待。生活就是这样，做人不妨洒

脱一些，这样一来，人生的苦乐就可以放在一边，人生的得失就可以放在一边，人世的浮华和纠葛也可以放在一边。如果淡然地看开了一切，放下了一切，生活也就还是自己的。

繁华的自让它去繁华，荒芜的且让它荒芜；复杂的不妨让它复杂，纠葛的不妨让它纠葛。我们只需淡定地来看待这一切，任它风和日丽也好，任它风雨飘摇也罢，我们不过是大千世界的一粒微尘，无须去附着沾染，只是淡然飘过，看一场浮世烟花的绽放与落幕，看一场世事纷争与人事纠葛，仅此而已。其实我们须知自己的存在实在无碍人世间的浮浮沉沉，更无关世事的纷纷扰扰。

故事穿越

有一个美丽的花园，里面满是苹果树和橘子树，还有美丽的玫瑰，她们都很开心，很满足。只有一棵树感觉很悲伤，因为这棵树有一个问题：她不知道她自己是谁。

苹果树说："你需要集中注意力，如果你真的愿意的话，你会生出很多可口的苹果。你看就是这么简单。"玫瑰花叫着说："不要听她的，盛开玫瑰花其实更简单，你看看我们多么美丽啊。"这棵可怜的树尝试了她们所建议的一切，但是她还是不能像她们一样。

有一天，花园里飞来一只猫头鹰。据说它是鸟类中最有智慧的了，当它看到这棵树在绝望时，就说："不用担心，你只是和地球上所有的人类一样而已。我建议你：不要把你的生活都浪费在别人希望你如何的事情上，你只需要聆听你内在的声音，做你自己，了解你自己。"

这棵树听完豁然开朗，她捂住自己的耳朵，然后她听到了那个内在的声音：你永远也生不出可口的苹果，因为你不是一棵苹果树；你也不会在春天开花，因为你不是玫瑰丛。你是一棵红树，你的使命是茁壮成长，然后枝繁叶茂。你要给鸟儿提供巢穴，给路人提供阴凉，让乡村更美丽。

这棵树知道了自己是谁，就决心做她本来的样子。很快，她就生长得很繁茂了，她的绿荫覆盖了很多面积，她也越来越被其他人所尊重和敬仰。整个花园都真正地快乐起来。

故事微语

人生有输有赢，有得有失，结果远没有想象中那样重要，只不过我们常常将这个结果与别人的目光联系到一起。事实上，只要自己尽力了，就对得起自己的作为，就已经给了自己一个完美的交代，并不需要去向其他人作什么交代，即便要有所交代。你竭尽全力地展示自己和发挥自己的能力，这就是最好的明证，证明你并没有将他人的期望抛诸脑后。

自己的生活自己做主，只要尽心尽力了，哪怕结果不尽如人意，我们也无须感到自责，无须感到遗憾，无须在乎别人会如何给予谩骂和讽刺。人生最重要的就是全力走好自己的路，至于走到什么程度，走向了哪里，遇到了什么困难，我们则无须太过计较。路不是为别人走的，生命也不是为了别人而存在的。一个人首先要对得起自己，这样才能对得起别人。只有给自己一个交代，才能给别人一个交代。

生活始终都是要自己把握的。好或坏，得或失，幸或不幸，往往不是我们自己能够控制的事情，我们只需要控制自己，努力把握好生活的每一步，这样就足够了。没有必要把别人的价值观牵扯进来，因为我们从来都不是为别人而活的，我们没有必要在承受失败的同时，额外地承受外在所给予的压力。人生只需要痛痛快快地活着。痛痛快快地奋斗一场，这就是对生活最好的回报，于己无忧，更是与人无忧。

心灵箴言

丈夫志四海，万里犹比邻。

——曹植

路曼曼其修远兮，吾将上下而求索。

——屈原

故天将降大任于斯人也，必先苦其心志，劳其筋骨，饿其体肤，空乏其身，行弗乱其所为，所以动心忍性，曾益其所不能。

——孟子

人生像攀登一座山，而找寻出路，却是一种学习的过程，我们应当在这过程中，学习稳定、冷静，学习如何从慌乱中找到生机。

——席慕蓉

不让浮躁扰乱原本静好的心灵

故事话题

在维也纳当了多年律师的乔治·罗纳，在二战期间逃到了瑞典。他一文不名，需要找份工作，因为他能说并能写好几国语言，所以希望能够在一家进出口公司里谋一份秘书工作。绝大多数公司都回信告诉他，因为正在打仗，不需要这一类人才，不过他们会把他的名字存在档案里。惟有一家公司在给乔治·罗纳的回信中写道：“你对我公司的了解完全错误，你既傻又笨，我根本不需要任何替我写信的秘书。即使我需要，也不会请你，因为你甚至连瑞典文也写不好，信里全是错误。”

当乔治·罗纳看到这封信时，火冒三丈。于是他也写了一封信，写一封措辞犀利的信，也气气那个人。但接着他就停下来对自己说：“我怎么知道这个人说的对不对呢？我虽然修过瑞典文，可它并不是我家乡的语言，也许我确实犯了很多我并不知道的错误。如果是这样的话，那么我如果想得到一份工作，就应该必须不断努力学习。这个人可能帮了我一个大忙，虽然他本意并非如此。他用这种难听的话来表达他的意见，并不表示他就亏欠我，所以我应该写封信给他，在信里感谢他一番。”

于是，乔治·罗纳撕掉了他刚刚已经写好的那封骂人的信，另外又写了一封信：“首先感谢你这样不嫌麻烦地写信给我，尤其是你并不需要一个替你写信的秘书。对于我把贵公司的业务弄错的事我觉得非常抱歉。我之所以写信给你，是因为我向别人打听，而别人把你介绍给我，说你是这一行的领导人物。我并不知道我的信上有很多文法上的错误，我觉得很惭愧，也很难过。我现在打算更努力地去学习瑞典文，以改正我的错误，谢谢你帮助我走上改进之路。”

没几天，乔治·罗纳就收到了那个人的回信，信中邀请乔治·罗纳去见他。罗纳去了，而且得到了一份工作。乔治·罗纳由此发现“原谅伤害自己的人也是避免自己受到更深的伤害，或许还能得到别人的帮助，助你走上成功”。

故事解析

圣经上说：“怀着爱心吃青菜，也会比怀着怨恨吃牛肉好得多。”就连德国伟大的“悲观论”哲学家叔本华也说，生命是一种毫无价值而又痛苦的冒险。可是在他绝望的时候，他还是说“如果可能的话，不应该对任何人有怨恨的心理”。

心态浮躁、情绪激进的人容易与人结成恩怨，而一旦恩怨积成又不容易放下，而这种积怨又极易由对个人的愤怒转为对周围的人甚至社会的不满，这种情绪不利于己也不利于他人。

不要因为别人对你造成了伤害，就影响到自己的正常生活。人活在这个社会，就应该以平和的心态潇潇洒洒地为自己活着。我们永远不要去试图报复我们的仇人，因为如果那样做的话，我们只会深深地伤害了自己。

反过来说，很多人在受人恩惠时，会心存感激，而且所受恩惠越大，感激越深。可是，事过境迁后，却很少有人想报答，那便是所谓的“忘恩之徒”。

故事穿越

一天，一位记者和朋友一起出差。途中，朋友的包不慎丢了，里面的钱包和高档相机都丢了。更令他心疼的是，他多年来利用业余时间花费了大量心血准备的参加考研的一些珍贵资料也被弄丢了。他一下子脑门儿汗都冒出来了。可没一会儿工夫，他却平静如水。

看朋友们替他急得不知所措的“现场直播”，他反倒哈哈大笑起来。大家不解其意：“真是的，他还在乐呢，好像丢东西的不是他。我们替他着急，他倒成了与之无关的局外人。”于是，记者便生气地对他大声喊道：“你这个家伙是不是脑子有毛病？钓鱼的不急，背篓的却在那儿一个劲儿地干着急，这算是哪家子的道理？”

没想到朋友的回答却让他啼笑皆非：“留得青山在，何愁没柴烧？我不乐你还想叫我哭吗？难道我一恼，问题就解决了？难道我一恼，丢失的东西就找到了？”

故事微语

的确，假如细细琢磨一下，朋友的话的确也不无道理。东西反正也不见了，着急上火也无济于事。否则，只能是火上浇油，丢失了的东西不仅找不回来，反而还损失了一份好心情，这叫“赔了夫人又折兵”，怎么也是不合算的，还不如心平气和，保持一个良好的心境，兴许还能采取一些补救措施，或许还能“亡羊补牢”呢。

烦恼并不可怕，可怕的是我们的疏忽大意。我们只要善于做到“随手关门”，就能及时地把烦恼抛给昨天，就无须负重，而是轻松地走出生活的迷途，从而笑对人生，洒脱地走向幸福快乐的明天。

在人生的旅途中，常常要“随手关门”，把烦恼挡在门外，洒脱地前进。有道是“眼不见，心不烦”。如果你眼里没烦恼，烦恼自己是找不到你家门的。

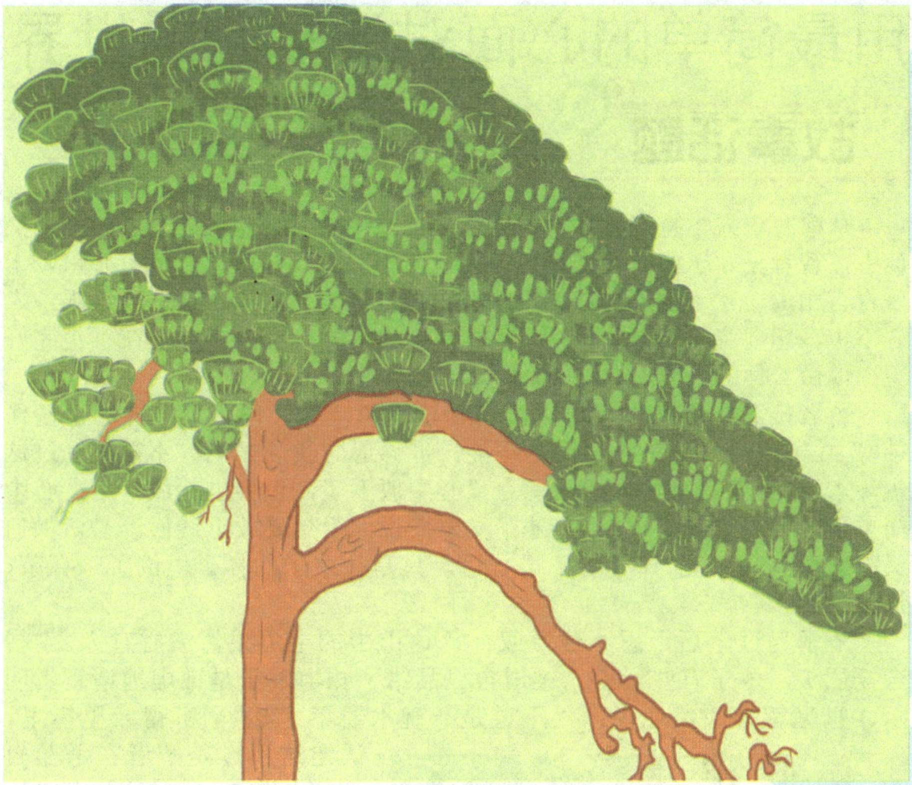

心灵箴言

先相信自己，然后别人才会相信你。

——[法] 罗曼·罗兰

自觉心是进步之母，自贱心是堕落之源，故自觉心不可无，自贱心不可有。

—— 邹韬奋

不管发生什么事，都请安静且愉快地接受人生，勇敢地、大胆地，而且永远地微笑着。

—— 卢森堡

论命运如何，人生来就不是野蛮人，也不是乞讨者。人的四周充满真正而高贵的财富—身体与心灵的财富。

——[美] 霍勒斯·曼

用最简单的心面对最复杂的世界

故事话题

从前有个人，特别有才。一天，他前往山中拜访隐居的智者。两人交谈中，智者见才子面有忧伤之色，而且听得对方不断叹气，似有心事，于是直言相询。才子也不加掩饰，明明白白地道出了心事：“世事维艰，人心不古，想要当个人也不容易。”智者听了微笑着说：“你现在不是完好无损地做着你的人吗？”才子摇摇头表示无奈。

智者接着说：“你大可以活得轻松简单一些，何必为这样的事情伤神？”才子说：“非是不愿而是不能，世界逼着我烦恼啊！不得不经过这趟浑水。”智者忍不住摇摇头说：“心中放下了，世界也就放下了；心中简单了，世界也就简单了。”才子又感慨说：“想要放下谈何容易，如何又能够做到简单呢？”智者不再言语，只是往才子的杯子里倒了一杯茶，让他品尝。

才子喝过之后，忍不住赞叹：“这山中的毛尖果然清香宜人。”智者摇摇头，才子有些疑惑，难道自己品错了味道？于是谦虚地请智者明示，只见智者淡然地说：“不过是一碗水罢了。”才子听得云里雾里，认定这不过是智者在考验自己品茶的功力，于是肯定地说：“这就是上好的毛尖呀！”智者依然摇头，才子反而计较起来。

智者于是笑着说：“你说它是茶，因为它在你心中便是茶；我说它是水，因为它在我心中仅仅就是一杯水。在你看来这是茶，所以会品出诗韵、品出文雅、品出是非争论来；而在我看来不过是水，简简单单，清清澈澈，所以没有什么好品好争的，口渴时一饮而尽，仅此而已。”才子这才恍然大悟，不禁佩服起智者的胸襟与气度来。

故事解析

人在历经许多事情之后，往往会发现社会已经不再那么单纯，世人也不再那么简单淳朴，现实处处都不再那样美好，是非颠倒，黑白混淆。我们开始不再轻易相信自己看到的东西，不再轻易相信自己听到的东西，不再轻易相信任何一个人，完全是一副“看山不是山，看水不是水”的迷茫境界。

我们不得不改变自己，以适应周遭的环境。在别人面前，尽力地伪装自己，带着各式的脸谱去生活，目的只是为了更好地生存下去。而且我们乐于相信别人其实也是这样对待自己的，别人也会有这样的表演天赋，所以习惯了伪装自己，屈就自己的心意。

究竟是世界本来如此，还是我们自己变化太多。事实上，世界的变化往往在于人心的变化。人心乱了，世界也就乱了；人心复杂了，世界当然也就变得复杂了。生活固然给了我们许多宝贵的经验教训，也许我们曾经

受到别人的伤害，承受不公平的待遇，但是没有必要因此就把世界看得太复杂。这样一来，做人只会觉得更累。

生活的一切都应该是自然妥帖的，一切都是简单生活中的循序渐进，我们根本没有必要去猜测太多，也没有必要无端生妄念。人生若能够以简单、淳朴、平静的心态看世界，那么自然无须去伪饰人生，无须去尔虞我诈、钩心斗角。生活中的一切纷扰自然会止息，一切烦恼自然会逝去，自己也一定会从烦琐复杂的世事中解脱出来。

故事穿越

有个即将退休的老干部，回家后一直闷闷不乐，连食欲也没有。家里人都知道他内心的失落，但是也不便说些什么。

家里的小孙女不知道爷爷为什么不开心，更不知道爷爷为什么不吃饭，就拿着自己的小碗嚷嚷着要给爷爷盛饭。老人拉住小孙女，突然自言自语地说："爷爷不用上班了。"

小孙女听了若无其事地笑起来，老人只好无奈地苦笑着说："爷爷就不能带你去机关大院玩了。"小孙女并不在意，奶声奶气地说："那你就可以留在家里陪我玩了。"他突然恍然大悟："是啊！自己不是一直以来都没有时间陪孙女吗？现在倒是成全了一桩心愿。"一想到这里，他阴郁的脸上不禁绽放出笑容。

故事微语

不同的心态，会导致不同的结果。有些人把失业看作绝望人生的开端，有些人却愿意将它当做人生新的起步；有的人因为失恋了而痛苦不堪，有的人却庆幸自己趁早摆脱了一段无缘的感情；有的人把一无所有当成一种生活的悲剧，有的人却将其看做自由自在一身轻。有人感慨自己失去了一半的水，有人庆幸自己尚且留有一半的水，这种不同的观点和态度，就决定了不同的人生。

生活有很多角度可以用来观赏和评判，有人看到了天堂，有人看到了地狱，有人看到了人间的真相，有人一无所见。这个世界究竟怎么样，关键是你的心态如何，关键是你愿意从哪个角度去看待这个世界。

现实并没有我们想象得那样糟糕，不要轻易就对生活失望，更不要绝望。也许是我们不曾了解身边的世界，不曾了解自己的生活，是我们没有站在更为合理的立场和角度来对待我们的世界。一千个人眼中就有一千个哈姆雷特，因为每个人都选择了从不同的视角去分析。

生活也是如此，没有一个绝对化的观察和评判标准，我们无须拘泥于现有的价值观和立场。也许当我们试着换个角度和方法去看世界时，就能够发现世界原来这般简单、美好。

心灵箴言

世上本无事，庸人自扰之。

——孔子

大自然总是在蠢人面前露出简单的特征。

——[英] 托·富勒

简单地活着，其他人可能只是简单地生活。

——[加拿大] 伊丽莎白·雅顿

人生往往是复杂的，使复杂的人生简单化除了暴力就别无他法。

——[日] 芥川龙之介

第三篇

淡化恩怨：人生最大的敌人是你自己

行路都希望道路是平坦的，没有沟壑、没有坎坷。为人做事也一样，都希望没有阻碍，没有敌人。事实上，最大的敌人往往是我们自己，我们要学会忘记，学会着眼未来，把精力放在做对社会有意义的事情上。不念旧恶，注重现在，把洒脱用于做人上。

背着仇恨袋的人无法远行

故事话题

从前，有位商人与他人发生了利益冲突，心中一直放不下，所以经常与对方针锋相对。两人渐渐由原来的竞争关系变成敌对者，经常相互攻击。商人的生意原本非常好，自己也过得很开心，但是自从产生仇恨心理后，商人将打击对方当成了自己的第一目的，他不再关注自己的生意会怎么样，反而只是一味地以打击对手为乐。

因为如此，公司的业绩日渐下滑。商人竟然还想用对手的名字给自己刚出生不久的孙子取名，以示侮辱，但是遭到家人集体反对。而被仇恨冲昏头脑的他完全不理会家人的看法，一意孤行，导致他最终和儿子产生了难以调和的矛盾，从此形同陌路。

故事解析

生活中，人跟人之间难免会有些矛盾冲突，情场、商场、战场、官场、名利场，冲突与矛盾几乎成为了一种必备元素。面对冲突时，我们总是显得过于浮躁，所以冲突最后往往就发展成为了仇恨。仇恨虽然很容易背负起来，但往往很难放下。因为一个陷入仇恨的人，很容易就失去理智的判断力，总是将对手当成恶魔一样看待，然而实际上只是我们的心被恶魔化了。当一个人带着仇恨去照镜子时，自己已经不是原来的自己，对方也不是原先的对方，生活也不是原来的生活了。

我们想为自己讨回一个公道，免自己受罪。但是失去的已经失去，无法再去寻回。既如此，何不努力珍惜和保护好自己剩下的幸福，以免在无休止的相互伤害中失去更多？不要妄图能够从仇恨中得到补偿，仇恨往往只会带来更多的烦恼和痛苦。人在仇恨中是寻找不到幸福的，而且它也不是生活的动力。

当一个人用仇恨的眼光来看待别人时，生活的土壤里已经种植不了爱，也已经收获不了幸福。仇恨只能带来一时的快意，反而让我们变得更加卑微。实际上，仇恨别人不过是和自己过不去而已，它是一把双刃剑，刺伤别人的同时，也会划伤自己，双方都会失去应有的幸福和快乐，而长期陷入痛苦的纠缠之中。

故事穿越

加拿大杰斯帕国家公园，有一座以伊笛丝·卡薇尔的名字命名的山，这是西方最美丽的山。它是为了纪念一位在1915年10月12日被德军行刑队枪毙的英国护士。她犯了什么罪呢？因为她在比利时的家中收容和看护了许多受伤的英法士兵，还帮助他们逃往荷兰。

在10月的一天早晨，一位英国教士走进军队监狱她所在的牢房，为她做临终祈祷。伊笛丝·卡薇尔说了两句后来刻在她的纪念碑上的不朽的话：“我知道仅有爱国还不够，我一定不能敌视或怨恨任何人。”

4年之后，她的遗体运送到英国，在威斯敏斯特大教堂举行了安葬仪式。今天，在伦敦国立肖像画廊对面立着伊笛丝·卡薇尔的花岗岩雕像——这是一位英国不朽英雄的雕像。

故事微语

天底下每个人都难免遇到令人心碎的事，还有疾病、孤寂和绝望。失去珍贵的东西之后，总有一段伤心的时期。问题是，你最后到底是变得坚强还是更软弱？原谅别人，是对待自己最好的方式，因为释放了自己，才能有健康自由的心态。

古人说：易涨易退山溪水，易反易复小人心。扶人推人都是手，毁人誉人都是口。既然每一个险恶的浪，都会激起浪花，我们为何不能边冲浪边欣赏呢？

世界如此现实，善良的人要看透更要看开，不要因为人心险恶而时时提心吊胆，不要因为世态炎凉而处处唉声叹气。怨恨是用别人的错误惩罚自己。

与其用尽心机，不如用心做事。境况越险恶，越要内心强大。

那些无关紧要的仇恨就忘掉吧，用没有受过伤害的心去拥抱世界、享受生活。

心灵箴言

仇恨终将泯灭，友谊万古长青。

——[古罗马] 西塞罗

冤家宜解不宜结，各自回头看后头。

——冯梦龙

今仇古恨入丝竹，一曲凉州无限情。

——白居易

对待别人要能克制忍让，不可怀有仇恨。

——[美] 富兰克林

为自己活，成为一个有风度的人

故事话题

在美国历史上，大概没有其他人所受的责难、怨恨和陷害比林肯更多。但是根据荷恩敦的不朽传记记载，林肯“从来不以自己的好恶来评判别人。如果有什么工作要做，他也会想到他的敌人会做得和其他人一样好。如果一个人以前曾羞辱过他或对他个人不敬，但这人却是某个职位的最佳人选的话，林肯也会让他担任该职，就像派他的朋友去做这件事一样……他从未因为某人是他的敌人或者他不喜欢某人而解除其职务。”

许多被林肯委以高位的人，以前都曾批评或羞辱过他，如麦克里兰、西华、史丹顿和查尔斯。但据荷恩敦记载，林肯认为“没有人会因为他做了什么而被歌颂或受责难。因为我们都会受条件、情况、环境、教育、生活习惯和遗传等因素的影响，由此造就了我们的现在和将来”。

故事解析

也许林肯是对的。如果我们继承了与我们的敌人同样的生理、心理及情绪特征，如果我们的人生也完全相同，我们就会和他们一样行事。我们不可能做出别的事来。就像克拉伦斯·达罗常说的：“知道了一切就会理解一切，这样我们就不会评判或谴责他人。”所以，不要恨我们的敌人，而是怜悯他们，感谢上帝没有让我们和他们一样经历同样的人生。不要诅咒、报复我们的敌人，而是给他们谅解、同情、帮助、宽容和祈祷。

我们永远不要去试图报复我们的仇敌，如果我们那样做的话，我们对自己的伤害将会甚于对敌人的伤害。让我们像艾森豪威尔将军那样去做：不要把时间浪费在去想那些我们不喜欢的人。

如果我们有着与人长久以来结成的恩怨，就果断地去淡化它或去化解它。

当我们痛恨我们的敌人时，就等于给了他们取胜的力量。这种力量会影响我们的睡眠、我们的食欲、我们的血压、我们的健康和我们的快乐。如果我们的敌人知道他们是如何让我们忧虑、让我们烦恼、让我们一心只想报复的话，他们一定会高兴得手舞足蹈。我们的恨意完全伤害不到他们，可是却可以使我们的生活变成地狱。

故事穿越

有一家大公司要招聘一位市场人员，丰厚的薪水和良好的福利待遇吸引了不少报名者。经过笔试和面试，有三个人进入最后的测验。

第一个应聘者一见老总亲自面试，不免心慌意乱起来。面对未来老总的问题，应聘者根本不敢正面驳斥。损了老板的面子，自己就没有机会被录用了。

第二个应聘者情况跟第一个一样。

很快轮到了第三位，老总威严地扫了他一眼，提了许多问题，应聘者对答如流。老总嘴角露出一丝微笑。突然，老总提出一个涉及个人隐私且十分尖刻的问题。应聘者一听，不禁有些气恼，但仍然平静而有礼貌地指正了老总。老总不同意他的观点，两人便言来语去地争论起来。

最终，第三位应聘者气冲冲地走出面试室，遇到了先前的那两位应聘者，这才得知那位面试官就是集团公司的老总。他想起刚才和老总争辩的场面，心想自己无论如何都不会被录用的。但结局却出乎意料，真正被录用的是第三位应聘者，因为他能够说出真实的想法，而不是一味地讨好。

故事微语

过分讨好别人的人，往往会因为太过迁就别人的意愿而迷失自己，不明白自己到底需要什么，也不清楚什么才最适合自己。我们没有必要讨好别人来换取一点儿所谓的尊重和认可，任何人的幸福都不会是别人给予的。自己的幸福需要自己做主，因为只有我们才是自己的主人。

有位哲学家说：“人生最值得懊悔的事情不是自己曾经作了错误的决定，而是自己连作出错误决定的权利也不曾把握住。”能够寻求别人的意见固然好，但也要有自己的主见。

很多时候，有些人认为讨好上司和朋友是为了尊重，然而一个人只有先懂得尊重自己，才能去尊重别人；我们以为全身心地取悦爱人是为了顾全爱情，是爱的表现，然而一个人只有爱自己，才能去爱别人。如果连自己也不爱，那么如何去爱别人呢？一个对生活有主见且不轻易屈从别人的人，才值得别人去敬重，才值得别人去爱。

人要活出自己的价值，要全心全意地为自己活一次。有位资深的电影人说过："最好的演员不是单纯取悦观众的人，而应该是演出最好的自己的人。"人生如戏，我们站在生活的舞台上，不完全是为了观众的掌声，也是为了展示出自己的价值，所以要坚持自己的台风，坚持自己的品行，坚持自己的演出方式。人生应该是演好了角色而赢得观众的掌声，而不是为了迎合观众的掌声而演一个角色。任何时候，我们要懂得要为自己而活。

心灵箴言

气质应该说是功力所显，也是情操所现。

——柏杨

美只愉悦眼睛，而气质的优雅使人心灵入迷。

——[法] 伏尔泰

魅力通常是在智慧之中，而不是在容貌之中。

——[法] 孟德斯鸠

美好的气质来自真诚，"造作"永不会产生灵感。

——[法] 罗曼·罗兰

宽容的是他人，释然的是自己

故事话题

古希腊神话中，有一位名为海格力斯的力大无穷的英雄。

一天，海格力斯走在坎坷不平的山路上，发现路的正中间有个袋子似的东西很碍脚，海格力斯便踢了那个东西一脚。但奇怪的是，那东西不但没有被踢开，反而因为被踢膨胀起来。海格力斯恼羞成怒，操起一条碗口粗的木棒狠狠砸它，那东西竟然再次膨胀，大到把路都堵死了。

正在这时，山中走出一位圣人，对海格力斯说："朋友，快别动它，忽略它，离开它远去吧！它叫仇恨袋，你不犯它，它便小如当初；你的心里老记着它，侵犯它，它就会膨胀起来，挡住你前进的路，与你敌对到底！"

故事解析

当你被别人称赞褒奖的时候，你并没有因此而增加什么；而当你遭到别人污蔑诋毁的时候，你也不曾因此而损失什么。你不会因为反击而得到多少快乐，也不会因为让步而损失什么快乐。

所以，你还是原来的你，生活也还是原来的生活，世界也依然还是原来的世界。既然不曾改变什么，我们根本没有计较的必要，没有必要让自己继续不痛快。

所以齐白石老人告诫世人说：“人誉之，一笑；人骂之，一笑。”忍耐别人的打击，成就的是自己的快乐；你试图做出反击，带来的只是更多的痛苦。

故事穿越

有一次，某人乘坐出租车，正行驶在路上，突然，一辆黑色的小汽车从他们前方的一个停车位上冲了出来。出租车师傅猛地踩下刹车，车子侧滑，和另一辆车擦身而过。可那辆黑色小汽车的司机却立马扭头，冲他们大喊大叫。出租车师傅向那个家伙挥了挥手，微笑了下，什么也没有说。

这个人百思不得其解，便问出租车师傅，为什么还能如此淡定。出租车师傅解释说："许多人就像这垃圾车一样，他们装载着垃圾——挫折感、愤怒与失望——四处奔跑。当他们的垃圾堆积到一定程度后，他们需要一个地方倾泻。

有时候，人们会把垃圾倾泻到别人身上。这时，不要把它们接过来。笑一笑，挥挥手，祝他们好运，然后继续前行。不要接受他们的垃圾，然后散布给你的同事、家人或是路人。"

故事微语

做人一定要懂得克制自己的情绪，当我们情绪失控时，往往就失去了幸福的选择权。反之，一个人越是能够忍耐，幸福就越是抓得更稳，也就越能体味到幸福的滋味，因为幸福是苦难后的劫度。

草若不能忍耐寒冬，那么就无法保存精力迎接春风的到来；蝴蝶忍受不了破茧的苦痛，那么就没有他日的翩翩起舞；河蚌不能忍受沙子入腹的痛苦，那么也就无法造就珍珠。人生也需要一场蜕变，而这场蜕变往往存在一个忍耐的过程。

一个人，若能懂得忍耐，心里要装着世界的美丽和人生的爱，这种美丽不会因为生活的不如意而减少分毫，也不会因为社会的纷扰而黯然失色；这份爱不会因为别人的过错而变得卑微，也不会因为外在的打击而变得脆弱。善于忍耐的人总是掌握着幸福生活的法门。

心灵箴言

事不三思终有悔，人能百忍自无忧。

——冯梦龙

海纳百川有容乃大，山高万仞无欲则刚。

——林则徐

不会宽容别人的人，是不配受到别人宽容的。

——[苏联] 屠格涅夫

人心不是靠武力征服，而是靠爱和宽容征服。

——[苏联] 斯宾诺莎

一个不懂宽容的人，将失去别人的尊重，一个一味地宽容的人，将失去自己的尊严。

——佚名

学会体谅别人就能扫清心灵的阴霾

故事话题

一天，有位心理学家在坐公交车时，被人踩了一脚。当时他没在意，心想人多被碰到实属正常。但是没过多久，那个人又踩了他一脚。于是心理学家就有些不满了，但还是忍住怒火，提醒对方说："先生，您已经踩了我两脚了。"对方连忙向他道歉，心理学家便没有深究。

然而过了一会儿，对方再次踩到了他的脚，心理学家完全被激怒了，他认为对方是有意捉弄和欺负自己，于是冲着对方大喊："难道你瞎眼了吗？"对方没有说话，只是羞愧地低下了头。等到公交车到站时，心理学家怒气冲冲地下了车，结果发现那个踩他脚的人拿着一根棍子在慢慢地探路，原来他真的是一位盲人。

故事解析

每个人都会有生活的难处。当自己犯错时，我们很自然地原谅了自己的过失；而当别人犯错时，我们却紧紧地纠缠住错误不放，千方百计地要讨回一个公道。我们有一千个理由和借口来稀释和解释自己的错误行为，而只需一个理由就能完完全全地将别人的过失定性为“罪恶”。

我们从来都不愿设身处地地体谅别人的过失，而是草率地将这种错误当成别人的一种蓄意。其实人生应该更加豁达一些，要懂得去包容别人的过失，要“以责人之心责己，以谅己之心谅人”。

当别人犯错时，我们要懂得去谅解对方，要给予充分的包容。对方之所以这样做一定有特定的理由，我们不应该简简单单地就将对方的错误行为当成习惯性的犯错，然后毫不留情地予以批判和打击。很多时候，我们犯下的是比犯错者更为愚蠢的错误。

故事穿越

多年前，在美国新泽西州的一个小镇上，有一对叫捷克和康姆的邻居，但他们相处得并不十分融洽。虽然谁也记不清到底是为什么，但彼此就是不和睦。他们只知道不喜欢对方，有这个原因就足够了。所以有的时候他们也会发生口角。尽管夏天在后院开除草机除草时车轮常常碰在一起时，会说两句气话，但一般情况下，他们还是很少打招呼。

后来，在夏天快要过去的时候，捷克和妻子外出去度两周的假期。开始的时候康姆和妻子并未注意到捷克家的出游。平日里除了经常发生口角之外，他们相互间很少说话。但是一天傍晚，康姆在自家的院子除过草后，注意到捷克家的草已很高了，而自家草坪刚刚除过草，看上去特别显眼。

对开车过往的人来说，捷克家中的草坪很显然在告诉别人，家中没有人，这样就会引来盗贼的光顾。康姆看着那高高的草坪，心里真不愿去帮他不喜欢的人。尽管他很努力地在脑子里抹去这种想法，但是那种帮忙的想法总是挥之不去。第二天，他就主动地把捷克家的草坪除了草。

几天后，捷克和他的妻子回来了。他们回来不久，捷克便在街上走来走去，并且在整个街区每个房子前都停留了一会。最后，他来到了康姆的房子前，敲开了康姆家的门。“康姆，是你帮我家除草了？”捷克问，这也许是他很久以来第一次这样称呼康姆。

“我问了所有的人，他们都没有除。他们说是你干的，是真的吗？”捷克的语气几乎是在责备。

“是的，捷克，是我除的。”康姆说，他的语气也带有挑战性，因为他听到的不是感激，而是一种责备。捷克此时有点犹豫，他不知道自己刚才说了些什么，他考虑了片刻，最后用低得几乎听不见的声音对康姆说了声“谢谢”，就匆匆离去。

故事微语

生活中，我们每个人难免与别人产生摩擦、误会，甚至是仇恨。有的人心胸狭窄无法容忍一点点误会，那他的人生之路实际上就被他心中的仇恨之剑斩断了。这类人常常把别人的错误记在心上，不肯轻易放下，用别人的错误来惩罚自己。

其实，误会不等同于犯错，无心之失也不能被认作是有意为之。世界或许并不完美，但也没有必要把世界想得太坏；生活也许无奈，但也没有必要把生活看成一无是处。很多时候，我们需要用更加宽容更豁达的眼光来看待人世的浮浮沉沉。

落叶无须去抱怨风的残忍，也无须抱怨树的薄情，要么是自己太过脆弱，要么是秋天已经到来；阳光无须埋怨乌云的阻拦，也无须埋怨风雨的侵蚀，要么是自己的双眼太容易被遮蔽，要么就是人生需要一片雨后的彩虹；星空无须怨恨明月销蚀了自己的容颜，也无须怨恨没能得到一个展示的机会，要么是黑夜还不够深沉，要么是自己还不够明亮；我们也许注定都会有一个爱的伤口，然而无须去愤怒，也无须去指责，要么是尘缘中的一次美丽误会，要么就是对方的深爱无意中的伤害。

当你懂得体谅别人、体谅世界的时候，幸福其实就已经离你越来越近，而一颗能够容纳别人错误的心灵，也必定装得下一个幸福的人生。每个人都希望自己的人生能够更有意义、更富内涵。别人的错误就像是衡量你生命重量的砝码，它计算的不是你承载了多少别人的错误，而是你能包容多少别人的错误。

心灵箴言

谁能谅解人，谁就能拯救人。

——[苏联] 尤·邦达列夫

以恶报恶是不对的，最好饶恕别人。

——[苏联] 陀思妥耶夫斯基

只要一个人原谅了别人，他自己就是对的。

——[苏联] 列夫·托尔斯泰

人是一种会犯错的动物，也是一种会做出不可靠之事的动物，努力挑剔的结果，每个人都成了虎豹豺狼。

——柏杨

懂得欣赏对手，你会收益更多

故事话题

有家公司在应聘，某天，十个应聘者都通过了公司的初试。在复试阶段，面试官要求每个人轮流上台展示自己的才能，其余九个人则在台下担当评委，负责给台上的选手打分。结果，有个应聘者给其中四位竞争对手都打了很高的分数，这让面试官惊讶不已。

一般而言，每个人都会尽量将别人的分数压低，从而提升自己的分数，降低自己的竞争压力，但是这位应聘者显然太过老实了。

面试官疑惑地问他："难道你不想成为最终那个成功应聘的人吗？其他人都把别人压得非常低，你为什么还要给对手这样的机会？"

这个应聘者腼腆地笑着说："我当然也想成为赢家，但是他们的确非常出色，我没有任何理由去贬低他们。"

面试官不禁感慨地说："庸才看不见别人的才华，只有人才才会看重人才。"

10

故事解析

每个人身上都会存在这样那样的缺点，但是每个人也都会有许多优点。朋友、敌人、或者是我们自己，任何人都是一样的。然而面对对手时，我们常常难以给出一个中肯的评价，更多的时候，我们都会情绪化地将对方脸谱化。然而对方真的就一无是处、不堪一击吗？这只不过是自欺欺人罢了，像是一种恶意扭曲对方形象的报复心理，除了证明自己心胸狭隘，根本没有任何意义。

人往往是狭隘的，朋友的缺点再多再大，我们也会将他们当成最值得信赖交往的好人；对手的优点再大再多，我们也会轻易将他们当成恶贯满盈、心胸狭窄的小人。生活给予了我们发现美的眼光，但是我们往往将它浪费在对缺陷的挖掘上。当我们憎恨或者厌恶某一个人时，他就变得一无是处了。

然而生活需要我们懂得尊重自己的对手、尊重他的优点。不尊重对手的人，自己也不会被也尊重。懂得尊重和欣赏对手的人，也是懂得欣赏自己的人。只有懂得自己只是芸芸众生中的一分子，才不会自高自大、自命不凡；只有通过努力奋斗、开拓进取，才能一步一个脚印地攀登人生的高峰；只有为人谦虚、厚道，才能取得别人的信任和敬重，也更容易取得成功。欣赏对手也是帮助自己实现价值的一种手段。

故事穿越

英国天才科学家霍金，因为不幸患上了卢伽雷病，而导致几乎全身的瘫痪，但是他却始终都保持乐观的生活态度。

某次，一位记者问他：“你不认为命运夺走了你很多东西吗？”霍金微笑着用他还能活动的三根手指在键盘上敲出这样一段文字：“我的三根手指还能活动，我的大脑还能思维，我有终生追求的理想，我有爱我的人和我爱着的亲人和朋友。”

接着他又打出了第五句话——对了，我还有一颗感恩的心！”

故事微语

世界上有人贫困潦倒，也有人大富大贵；有人一生健康，也有人天生残疾；有人处处成功，也有人时时失意；有人好运连连，也有人祸不单行。总有些人会比其他人活得更好，所以贫穷的人抱怨命运让他一无所有，残疾的人抱怨世界夺走了生活的乐趣，失意的人抱怨机会不曾眷顾自己，不幸的人抱怨被生活遗弃。在不公平的对待中，我们习惯了冷漠地面对整个世界，面对整个人生。

我们常常认为自己一无所有，认为命运对自己没有给予足够的公平，然而世界上最大的悲剧和不幸就是一个人自以为是地说“没人给过我任何东西”。其实，忘恩比之说谎、虚荣、酗酒或其他脆弱的人心的恶德还要丑恶。

心灵箴言

一定要比你竞争对手更努力。

——陈安之

真正的对手会灌输给你大量的勇气。

——[奥地利] 卡夫卡

在我们与敌人之间严守中立的人们，似乎离敌人更近些。

——[法] 尚福尔

惟一持久的竞争优势，也许就是比你的竞争对手学习得更快的能力。

——[美] 阿瑞斯·德格

第四篇

接受不公：看开一些生命会更加轻松

比尔·盖茨说：“生活本来就是不公平的，除了适应，我们别无他法。”我们期待绝对的公平，可世界上不存在这样的公平。面对不公，怯弱的人抱怨，清高的人逃避，焦躁的人愤怒，悲观的人绝望，而淡定的人将不公平视为改变命运的契机，是上天赐予的礼物，是让自己更加成熟的磨练，把自己打磨成一块闪光的金子。

宽容地对待自己的缺点

故事话题

10 岁的美国小男孩里维，在一次车祸中不幸失去了左臂，但他依然很想学柔道。里维拜了一位日本柔道大师做老师，开始学习柔道。

他表现一直不错，可是练了三个月，师傅只教了他一招，里维有点弄不懂了。他终于忍不住问师傅："我是不是应该再学学其他招数？"师傅回答说："不错，你的确只会一招，但你只需要会这一招就够了。"

里维并不是很明白，但他相信老师。于是便继续照着练了下去。几个月后，师傅第一次带里维去参加比赛。里维没有想到自己居然轻轻松松地赢了前两轮。第三轮稍稍有点艰难，但对手还是很快就变得急躁起来，连连进攻，里维敏捷地施展出自己的那一招，又赢了。就这样，里维迷迷糊糊地进入了决赛。

决赛的对手比里维高大、强壮许多，也似乎更有经验。里维一度有些招架不住。裁判担心里维会受伤，就叫了暂停，打算就此终止比赛。但是老师却没答应，坚持说："继续下去！"比赛重新开始后，对手放松了戒备，里维立刻使出他的那招，制服了对方，由此赢了比赛，得了冠军。

回家的路上，里维鼓起勇气道出了心里的疑问："师傅，我怎么凭一招就赢得了冠军？"师傅答道："有两个原因：第一，你几乎完全掌握了柔道中最难的一招；第二，就我所知，对付这一招唯一的办法是抓住你的左臂。"所以，里维最大的劣势变成了他最大的优势。

故事解析

生活中，很多意外常常让人毫无防备，于是，受到伤害的人会悲观地表示世事皆造化弄人，抱怨自己未曾得到生活的庇佑。

上帝或许忘了对生活进行精细的雕琢，但是却从来不曾把幸福遗失。学会如何面对不公平，远远比学会如何评价不公平重要。我们每个人都有理由相信自己的生活并非充斥着缺憾和绝望，那些所谓的不足从来就不曾影响到我们对生活的追求，也从来不曾破坏我们拥有的幸福。

我们需要淡定从容地面对生活中的诸多不公，宽容地对待自己的缺陷。事实上，当我们回首人生，就能够发现它们原来只是微不足道的尘土而已，而人事辗转，年华飞逝，它们早已沉淀在幸福的角落，难以寻觅。人生难免有点墨之污，难免有行迹之晦，无须斤斤计较，也无须耿耿于怀。很多时候，并不是生活不够公平，而只是我们不够淡定。

故事穿越

华尔街的美国国际公司总裁布鲁士曾接受记者的采访，当问及他对别人的批评是否敏感时，他说："对啊，我年轻时，确实对别人的批评特别敏感。当时，我渴求全公司人的认可，承认我是完美的，如果他们不承认这点，我就会很烦恼。为了取悦那个持反对意见的人，我往往会得罪另一个人。于是我又得安抚那个人，结果搞得一团糟，最后大家都有意见。最后我无奈地发现，越是为了避免别人对我个人的批评，我需要安抚的人就越多，同时得罪的人也越多。

我只有安慰自己：'既然你处于领导地位，就注定遭到批评，顺其自然吧！'这对我很有用，从此之后，我树立了一个原则，只管尽力而为，然后撑起一把伞，让如雨的批评顺伞滑落，而不再让批评留在心里，使自己难过。"

故事微语

再美的春天也难免会有枯叶飘零，但这无碍于春意盎然的盛景；再好的晴天也会有乌云飘过，但它遮蔽不住整个世界的光明；再清澈的水也免不了会有杂质，但依然能够映照出蓝天和你的面庞。

幸福不会是纯粹的，也从来不曾绝对。幸福生活也会有杂质，但它不会使幸福贬值，更不至于让幸福变质。恰如一粒微尘，尽管肆意飞扬在风的世界里，却何曾遮蔽一草一木，又何曾浊化朗朗青天？尽管贸然地砸入水的平静中，却何曾破发一丝声响，又何曾惊起半点涟漪？

人生恰如潮水，我们总是浮躁地认为潮来潮往会是一种伤害和侵犯，也许会给沙滩留下永久的伤疤，然而当我们以淡定之心来看待时，潮涨潮落不过是对沙滩的一次轻抚，留下的只是平和。每个人或许都会犯下错误，但我们有理由去相信，这或许只是你我之间一次美丽的小小误会而已。

心灵箴言

开诚心，布大度。

——康有为

最高贵的复仇之道是宽容。

——[法] 雨果

宽宏精神是一切事物中最伟大的。

——[英] 欧文

人们应该彼此容忍：每一个人都有弱点，在他最薄弱的方面，每一个人都能被切割捣碎。

——济慈

以平常心面对生命中的得失

故事话题

安迪，是一家大型 IT 企业的技术经理。他所在的部门不仅成功培养出过十多名骨干精英，包括他在内的五个人更是被公司选定为技术总监的候选人，将接受来自上司长达半年的考核，选出综合素质最高者出任总监。

私下里，很多同事也都认为 34 岁的安迪最具竞争力，他的顶头上司也暗示过要他为了更大的晋升空间多加努力。然而，从公司下达选拔令之后，安迪明显感觉到自己与几名竞争者的关系骤然紧张起来，原本亲如手足的伙伴，一下子变成了争名逐利的对手，这是让他无法接受的。

在安迪看来，IT 行业吸引他的地方并不在于能升职加薪，而是每天可以做自己喜欢的事情，进一步提升自己的能力，享受同事之间自如和谐的关系。对于名利，他完全不在乎，而那些指挥别人、协调关系等工作更是一种负担。

究竟是接受自己不喜欢的生活，继续追逐更高的职位，还是退一步接着过自己喜欢的生活？最终安迪做出了一个令所有人吃惊的决定：放弃技术总监的角逐。

IT企业
技术经理

故事解析

职场中，不乏见到这样的放弃。很多人沿着自己最初制定的职业发展道路狂奔了许久，在分岔路口却突然发现，自己并没有朝着喜欢的方向前进。于是，有些人选择了低调对待，毅然地放弃了那些流光溢彩、华丽不实的名利争夺，只留下自己认可的几项核心资产。

对于安迪的决定，公司上下除了一片惊讶的声音之外，更多的是大家对他由衷地佩服。尤其是之前那几位与他竞争的同事，此时也纷纷向他表示敬意。后来，公司上层也都非常赞赏他淡泊名利的精神，并特别为他设立了一个技术顾问的职位来嘉奖他。这样一来，他既得到了更多技术研究的资源与权力，也可以专心做自己喜欢的工作，又不必牵扯精力在不擅长的事情上。

当今社会，低调对待名利的职业生涯已经步入了一个崭新的时代，走在这里的人们不必再为简单的生存愿望而奋斗，而是情愿为某个目标或某个理想去放弃自己已经拥有的东西，将曾经追逐名利的劲头转向人生的另一片领域，去寻找真正适合自己的生活。

故事穿越

在居里夫妇发现镭之后，世界各地纷纷来信请教提炼镭的方法。居里先生平静地说：“我们必须在两种决定中选择一种。一种是毫无保留地说明我们的研究成果，包括提炼方法在内。”居里夫人表示赞成。居里先生继续说：“第二个选择是我们以镭的所有者和发明者自居，但是我们必须先取得提炼铀沥青矿技术的专利执照，并且确定我们在世界各地造镭业上应有的权利。”取得专利代表着他们能因此获得巨额的金钱、舒适的生活，还可以传给子女一大笔遗产。

但是说到这里，居里夫人却坚定地说：“不可以，如果我们这样做，就违背了我们原来从事科学研究的初衷。”她轻而易举地放弃了这垂手可得的名利，如此淡泊名利的人生态度，让人们深切感受到她不平凡的气度。她一生获得各种奖章 16 枚，各种荣誉头衔 117 个，自己却丝毫不以为意。

有一天，她的一位朋友来她家做客，忽然看见她的小女儿正在玩弄英国皇家学会刚刚奖给她的一枚金质奖章，连忙问她：“居里夫人，那枚奖章是您极高的荣誉，您怎么能给孩子拿去玩呢？”居里夫人笑了笑说：“我是想让孩子从小就知道，荣誉就像玩具一样，只能玩玩而已，绝不能永远守着它，否则就将一事无成。”

故事微语

人的一生中，最有价值的并不是拥有某些物质，而是拥有健康的心态与他人攀。比是不好的。富有的人并不是拥有最多，而是需要最少。造物主在把那么多美德赋予了人类的同时，也把名利、是非、金钱得失同时嵌入了人的身体。于是这些固有的心病便成了桎梏与羁绊，成了悬崖与深渊，它们将许许多多的人挡在了幸福的大门之外。

虽然人们都明白，名利只是身外之物，但却很少有人真的可以抵挡名利的诱惑。他们大都用毕生的精力来追逐名利，甚至为名利而生存。一个人如果不能淡泊名利，就无法保持心灵的纯真，到头来只能得到疲累与无尽的挫折。

心灵箴言

忧喜塞翁马，得失楚人弓。

——孙华

文章千古事，得失寸心知。

——杜甫

爱好文雅，广延诗赋，以知得失。

——陈寿

有所取必有所舍，有所禁必有所宽。

——苏轼

眼前得失等云烟，身后是非悬日月。

——陈恭尹

用淡定的态度面对偏见

故事话题

某这样一个人，他的父亲是政府机关的一位高级官员，但这并没有影响到他的生活。直到他进入某所高校后，被好事的同学知道了他的家世，便大肆宣扬他是通过关系、走了后门才得以入学的。

在老师和同学的冷落和排斥中，他渐渐明白了什么叫作“另眼相待”。但他一直不愿去辩解什么，对于别人刻意地嘲讽，他也尽量不放在心上，一如既往地保持着自己从容淡定的态度。

有一次，一个同学又故意找他麻烦，和他发生了争执，那同学愤怒地指着他骂道：“你不过是凭关系走后门进的学校，本身根本没有什么能耐。你就是一个不值一提的败家子，还在这里乱吠，没有你爸爸，你能做什么？”

这样的挑衅让他难以忍受，他被气红了脸，可是转念一想，他又忍耐了下来。他攥紧了拳头，用尽量平静的语调说道：“我并不是因为父亲的关系才进入这个学校的；相反，是我的父亲被莫名其妙地拉进了学校——并不是因为他的身份，只是因为他的儿子是你们的同学！难道这样就必须成为你们关注的一份子吗？”对方听了顿时哑口无言。

故事解析

有时候，当一个人的表面被人视为了相互交流的全部，误解和偏见自然免不了会时常出现，这就是生活的“月晕效应”。生活中，总是不乏先入为主的眼睛，它们总是轻易就把我们放进那些固定的框架中衡量。好坏是非似乎都有一种既定的模式，我们会因此遭受冷落，会因此被当成坏人和小人，会因此成为别人眼中的异类。

我们对于生活的随意自由，也许会被看做不受管束的表现；我们对于

爱情的执著，也许会被别人看成是傲慢与清高；我们在工作中的孜孜不倦，也许会被当做奉承讨好的虚伪表现。当真相被误解时，我们习惯于用刺猬的方式来防备那些对自己怀有偏见的人，用愤怒来表达自己的不满。或许我们并未希望借此来还原一个最真实的自我，而纯粹是为了发泄情绪，不过结果只会不断加深误会。

实际上，当我们遭遇不公正的对待时，确实犯不着和对方过分计较，因为这样根本于事无补。眼睛永远都长在别人的身上，这是你无法去改变的。不要试图用自己的反抗来换回别人施舍般正视的一眼，这样只会让自己遭受更大的偏见。

我们需要保持淡定的心态，尽量拿出一些君子气度，更加从容优雅地面对他人的误解，不要急于把自己身上的刺全部竖起来——哪怕想要成为一只刺猬，也应该成为一只优雅的刺猬。

故事穿越

刘女士的爱人，是位优秀的人民教师，邻居大都是爱人的同事。

几年前，有人传说学校的一个会计偷东西。会计在没有证据的情况下，认定流言是从刘女士那传出来的，原因只是刘女士曾经为一些小事情和会计争吵过。

后来，又有一位老师找到刘女士，很生气地责问她："为什么四处造谣说他倒卖东西？"问得刘女士莫名其妙。从此以后，只要是有传言，大家就会认定是出自刘女士之口。

刘女士非常希望她的邻居们能够听听她的辩解，但是没有人相信她。这种被邻里误会的感觉，使她非常痛苦。邻居对她很冷淡，如果有什么传言，便会想到是她所为，连辩解的机会都没有。这种生活环境，使刘女士感觉自己是生活在一个大闷罐里，她觉得自己都快闷死了。

在这种情况下，一般人会怎么做呢？后来，一位老者劝解她说："你只需做好自己。总不可能每一个人都喜欢你，总有不喜欢你的人。你的心态平和了，别人多多少少也会受影响的。"

故事微语

当别人对你存在偏见时，没有必要因为真相被掩盖而生气，你反而应该庆幸自己并不是对方所讨厌的那一类人。被人误会常常会让人觉得难堪，我们迫切地想要解释，但事情往往是越描越黑。我们有时候也迫切地希望能够向对方讨回一个公道，但是执著和强势，只会加剧冲突和误解。诗人但丁曾说过：“走自己的路，让别人说去吧。”这是面对偏见时的一种潇洒和自信，每个人都需要这样淡定的心态，遇事不要浮躁地做出反应，反而时常要安静地想一想：偏见究竟带来了什么影响，根本不至于斤斤计较。

严格说来，“偏见只是一个无知的孩子”，只是一个惯性思维所犯下的经验性错误，所以我们应该以优雅淡定的姿态来对待别人犯下的小错误，对待生活中的这一点儿不公平，而无须把事情想得太复杂，更无须对别人的偏见抱有敌意。每个人都有可能会被别人扣错第一颗扣子，但是我们没有必要为此扣错余下的所有扣子。

所以，假使被人误解，不要拿他们的过错来惩罚自己，要学会甩包袱——小事不要挂在心上，和没发生一样，照样和别人打招呼，以你的宽容、豁达和正直品格感染他人，别人自然会为自己的误解感到内疚的。

心灵箴言

泰山在前而不见，疾雷破柱而不惊。

——欧阳修

喜不应喜无喜之事，怒不应怒无怒之物。

—— 苏轼

一个人的自信心来自内心的淡定与坦然。

—— 于丹

宠辱不惊，看庭前花开花落；去留无意，望天空云卷云舒。

——《幽窗小记》

放下抱怨，让心灵轻装前行

故事话题

有一位单身女子刚搬了家，她发现隔壁住了一户穷人家——一个寡妇与两个小孩子。

一天晚上，那一带忽然停了电，那位女子只好自己点起了蜡烛。没一会儿，忽然听到有人敲门。原来是隔壁邻居的小孩子，只见他紧张地问：“阿姨，请问你家有蜡烛吗？”女子心想：“他们家竟穷到连蜡烛都没有吗？千万别借他们，免得被他们依赖了！”于是。她对孩子吼了一声说：“没有！”正当她准备关上门时，那穷小孩展开关爱的笑容说：“我就知道你家一定没有！”说完，竟从怀里拿出两根蜡烛，说：“妈妈怕你一个人住又没有蜡烛，所以叫我带两根来送你。”

女子自责又感动，不禁热泪盈眶，将那小孩子紧紧地拥进怀中。

故事解析

我们常常咒骂那些伤害自己的人，然而正是那些人磨炼了自己的心性；那些欺骗你的人，增长了你的见识；那些鞭打你的人，促使你不断奋进；那些绊倒你的人，提升了你的平衡能力；那些诱惑你的人，修行了你的定慧；那些蔑视你的人，帮助你寻回了自尊；那些抛弃你的人，增强了你的独立；那些诽谤你的人，完善了你的人格。

生活并没有想象中的那样糟糕，人生的境遇也没有想象中的那样坏。每个人都有理由去把握住一个更加美好的人生，只要你善于去发现生活中那点点滴滴的幸福，只要你不曾彻底地放弃对生活的热切追求，只要你不会冷漠地将所有的一切当成与自己无关的身外之物。

生活需要一颗感恩的心，学会心怀感激，就会减少很多愤怒；只有心

怀感激，才会真正快乐起来。若一个人就只有怨怼，心情自然好不起来。一句话说得好：思之而存感谢。感恩的心为你开创快乐的奇迹。学会感恩，学会理解爱、给予爱，学会用宽阔的胸襟包容生活。

故事穿越

南非的民族斗士曼德拉，曾经因为领导反对白人种族隔离政策而入狱。他在荒凉的大西洋小岛罗本岛上，在总集中营一个“锌皮房”内被关了整整 27 年。在这 27 年中，曼德拉的主要任务，就是将采石场采的大石块碎成石料，有时还要从冰冷的海水里捞取海带，甚至要做采石灰的工作。由于曼德拉是要犯，专门看守他的三个人对他并不友好，总是寻找各种理由虐待他。

1991 年，年迈的曼德拉在总统就职典礼上缓缓地站起身来，恭敬地向三个曾关押他的看守致敬。他博大的心胸和宽宏的精神，让南非那些残酷虐待了他 27 年的白人感到无地自容，也让所有到场的人肃然起敬。在场的所有来宾以至整个世界，都安静下来了。

后来，曼德拉向朋友解释说，自己年轻时性子很急，脾气暴躁，正是在狱中学会了控制情绪才得以活下来。他的牢狱岁月给了他时间与激励，使他学会了如何处理自己遭遇苦难时的痛苦。他说起获释出狱时的心情：“当我走出囚室，迈过通往自由的监狱大门时，我已经清楚，自己若不能把悲痛与怨恨留在身后，那么我其实仍在狱中。”

故事微语

先哲曾经问弟子："如果有人把口水吐到你脸上，该怎么办?"弟子回答说："把它擦掉就是了。"先哲摇摇头，然后说道："你应该任它自己风干。"《圣经》中也说："如果有人打了你的右脸，那么你就把自己的左脸也伸过去让他打。"耶稣告诫世人说："要原谅他们77次。"做人不要时时都把别人的错误记在心上，反而要及时让自己解脱出来，并且给予对方最大的包容，这才是阻止恶念的最佳方法。

生活或许常常令我们受到伤害，但回想一下，很多事情是没有必要计较的。在错误面前，我们没有理由让自己的心灵贬值。从不生气的人或许是傻瓜，但是不愿生气的人往往才是真正的智者。用错误的方式去对待一个犯错的人本身就是一个最大的错误，得到的也必定是一个错误的结果。

古人说："爱产生爱，恨产生恨，若以怨报怨，以恶待恶，将会形成恶性循环。和气致祥，诚心和气比疾言厉色、怒发冲冠的效果好，若能人人诚心和气，势必乾坤朗俪，霁日光和，祥瑞普降。"所以，我们应该用仁德宽容的爱心去面对给自己造成伤害的对手。

心灵箴言

平庸的人总是抱怨自己不懂的东西。

——[法] 拉罗什富科

最不善于利用时间的人最爱抱怨时光短暂。

——[法] 拉布吕耶尔

人生是不公平的，习惯去接受它吧。请记住，永远都不要抱怨。

——[美] 比尔·盖茨

只有把抱怨环境的心情，化为上进的力量，才是成功的保证。

——[法] 罗曼·罗兰

请欣赏跌倒时的另类美景

故事话题

海德莱恩夫人是一个普通的家庭主妇，性格很开朗，也很乐观。一天，海德莱恩夫人开车外出，不小心翻进了一条深沟中。海德莱恩夫人的脊椎最初被误诊为已经摔断，但是从 X 光照片上看不出她的脊椎折断的情况，不过能看到骨刺脱离了外面的附着物。医生认为海德莱恩夫人至少需要卧床休息 3 个星期，并将这个不幸的消息告诉了她。

“做好心理准备。”医生说，“你的脊椎已经严重硬化。也许在 5 年之后，你就不能动弹了。”听了医生的活，她说：“当时，我被吓坏了。我一直都是活泼开朗的人，喜欢克服一切困难，可是现在却遇到了一个无法克服的困难，我的勇气和斗志也因为卧床的时间从 3 个星期向无限期延长而逐渐丧失了。我的内心越来越恐惧，也越来越软弱。”

“有一天早上，我的神智十分清醒。我对自己说：‘5 年时间并不短啊！我还能帮助家人做很多的事情呢。如果配合医生的治疗，再加上我的决心，或许我的病情能有所改善。我不想未经奋斗就投降，我要尽一切努力，行动起来。’”

“一旦有了这种信念和决心，我突然有了力量。我要马上行动。软弱和恐惧已经不复存在！我挣扎着下了床……就这样，我的新生活开始了。”

“我不断地用这个字来激励自己：‘继续！继续！继续！’”

“大约 5 年后的一个清爽的早晨，我重新照了 X 光，发现即使再过 5 年，我的脊椎也不会有什么问题。医生建议我要积极乐观，对生活充满兴趣，勇敢地活下去。而我也正是保持这种念头，只要身上有一块肌肉还能活动，我就要继续活下去。”

故事解析

海德莱恩夫人的故事告诉我们，坚持自己的信念不动摇，终有一天会迎来成功。当然，仅仅拥有信念还不足以使人走向成熟。勇敢的确比怯懦要好，但假如我们面临考验时却转身而逃，表明我们的内心是软弱的。除非我们的内心能够坚定起来，否则所有理论都将毫无价值。

自信意味着一个人充分地了解自己，也了解自己所面对的困难和对手；自信意味着自己轻蔑困难和对手，而面对强手、困难和对手唯一的出路就是不认输。如果说人与人之间存在高贵与卑微的话，那只是一些无知者的妄言，或是发自一些自卑者心底的丧气话。

故事穿越

从前，有个人不小心从悬崖上掉了下来。幸运的是，半空中的一根树藤将他缠住了。可是，下面依然是万丈悬崖，要靠自己的力量上去，根本没有可能。

正当万般无奈和恐惧将他压迫得不能呼吸的时候，忽然发现在伸手可及的地方，有颗娇艳欲滴的果子，看着是那么令人有食欲。他干渴的喉咙正需要这颗果子的滋润，他心想果子一定很好吃，但是转念一想，自己上不去会死，下去也是死，就算是吃了果子，还有什么意义可谈？

不过，幸运的是，他现在还没死。但不幸还是来临了，在树藤上边，一只小老鼠开始啃树藤。按照这个速度，不到三分钟，树藤就会断裂，他就会坠入万丈悬崖，粉身碎骨。

如果我们与故事中的人互换角色，那么我们会如何选择呢？

或许正确的选择应该是——先吃了这颗果子再说。

故事微语

其实，我们人生中，那些或美好或灰暗的未来并不会因为你的忧心忡忡而有所改变；而那些已经逝去的岁月与人生，除了在脑海中留下回忆外，不具有任何意义。重要的只有当下而已。

人生总是以为幸福藏在过往中：那些凝视过的眼神，那些紧握过的手，那些一同唱过的歌，那些彼此交心的岁月，我们以为这就是最大的幸福。人生也常常认为幸福就在遥远的未来：那些值得期盼的眼神，那些值得一握的双手，那些值得去唱的歌，那些值得交心的岁月，我们认为这会是最大的幸福。

殊不知，也许正在此时，也许就在此刻，有一个人正默默地凝视着你，默默地为你祷告祝福，默默地为你伤心流泪。

心灵箴言

我以为挫折、磨难是锻炼意志、增强能力的好机会。

——邹韬奋

卓越的人一大优点是：在不利与艰难的遭遇里百折不饶。

——[德] 贝多芬

一切幸福都并非没有烦恼，而一切逆境也绝非没有希望。

——[英] 培根

每一种挫折或不利的突变，是带着同样或较大的有利的种子。

——[美] 爱默生

困难是欺软怕硬的。你越畏惧它，它愈威吓你。你愈不将它放在眼里，它愈对你表示恭顺。

——宣永光

第五篇

正面自己:升华心灵,做最坦然的自己

我们的弊端往往在于:或是虚荣作祟,或者自卑于心,所以看重那些可以炫耀于人的东西;而面对他人的志得意满,嘴角上恭维着,心底里却不屑着。这样,无论何时,自己都是孤寂;因为不懂替别人鼓掌的人,永远也得不到掌声。我们要扩大自己的心量,容得下自己的快乐,也要容得下别人的幸福。看到别人得到了快乐,看到别人得到了利益,你应当随喜,应当为别人感到开心。

做好自己，不一味嫉妒他人

故事话题

有一只乌鸦一出生就比别的乌鸦白些，因此它备受同类们的宠爱。别的乌鸦也纷纷以它为荣，因它而骄傲。而这只乌鸦也变得骄傲自满起来，心想谁说天下乌鸦一般黑？自己就是个很好的例外。这只乌鸦就在这样一种氛围之中长大了，它时常欣赏着自己的羽毛，越发觉得自己的尊贵。

一天，一群白鸟从天空飞过，乌鸦们纷纷赞叹，说那些鸟儿就像雪一样白。那只乌鸦心里很不是滋味，再低头看自己的羽毛，第一次发现自己是那样地黑，虽然自己要比别的乌鸦白得多。

从那以后，它再也快乐不起来了。

故事解析

嫉妒心，是一把伤人的利器，我们往往用嫉妒之心划伤自己。这个道理放之四海而皆准，不论在动物界还是人类界，都能说得通。

当你嫉妒别人比自己幸福的时候，也许有人也在嫉妒你的幸福。我们在用恶毒的眼光看别人时，或许别人也在用同样恶毒的眼光看我们。生活给予了每个人幸福的权利，如果你真的想要比别人过得更好更开心，就应该努力去寻找自己的幸福，而不是妒忌和破坏别人的幸福。嫉妒别人幸福的人，损失的是自己的福报，所以往往都找不到自己的幸福。

每个人都有自己的道路要走，何必要执着在别人的快乐上不肯放手。妒忌别人获得的东西，只不过是让自己活得更加痛苦而已，甚至会促使自己犯下错误，而且最终会因此失去自己手上拥有的东西。

有哲学家说过：“记住，你就是独一无二的。”作为一个独一无二的人，是没有必要去嫉妒别人的，否则只会不断拉大双方的差距。别人并不是我们生活的审判者，也无法决定我们人生的好坏，我们自然也无须太过在意别人的看法。人生最痛快的莫过于做自己喜欢做的事情，得到自己想要的东西，去自己想去的地方。而人生的种种收获，皆由自己做主。

故事穿越

有个男孩，因为学习成绩实在太差劲，被不同的学校像皮球一样踢来踢去。他的自尊心受到极大的打击，终于有一天，他问父亲：“我是不是很笨？”父亲说：“当然不是。”“那为什么无论我如何努力也赶不上其他同学？”父亲无语，只是慈爱地摸摸他的头。

渐渐地，男孩变得越来越自闭，平常总爱待在自己的小屋内。有一天，父亲发现他的床头铺满一张张图画，很是好奇，翻开看看，顿时哭笑不得。原来，儿子把在学校所受的委屈和打击全都发泄到了画纸上，他画他的老师被西瓜皮滑倒，画同学被马蜂狂追……父亲突然眼前一亮，然后把散落在床头的画一张张叠好，用夹子整齐地夹在一起。

不论走到哪里，男孩的成绩都一直很差，始终没有改善过，父母也经常被老师叫去训斥。但他从来没有训斥过儿子，任由他躲在自己的世界里自由自在地画画。时间长了，男孩反而觉得奇怪，以为父亲已经放弃了他。父亲沉默良久后说：“周末我带你到动物园去玩吧。”

那天，动物园里人来人往，在一只威猛的老虎前，父亲回答了儿子的疑问：“人和动物一样，都有各自不同的天赋。老虎强壮，善于奔跑；猫则温顺、灵敏。猫虽然不能像老虎那样威风和霸气，但也具备老虎不具备的天赋与本领，它能上树，能抓老鼠。人们都希望成为老虎，而这其中有很多是猫；久而久之，就有了一批烂老虎。儿子，你不擅长文字，但却对图形非常敏感，为什么放着优秀的猫不当，偏要当很烂的老虎呢？我不希望你成为一只烂老虎，我相信你一定能成为一只好猫。”

终于，功夫不负有心人，男孩在25岁那年成为了漫画界炙手可热的人物，凭借《双响炮》《涩女郎》等作品红遍东南亚。他就是朱德庸。

故事微语

世上没有两片相同的树叶，也没有完全相同的人生。幸福需要自己去创造，而不是单纯地模仿和复制。就像有人喝咖啡可以喝出浪漫，有人却只能品尝出苦涩。如果自己适合喝茶，那么就没有必要从咖啡中找到生活的情趣。

妒忌别人，伤害的往往是自己。时时记挂着别人的幸福，就会使自己受挫的心态更加失衡，更容易失去对自我生活乐趣的体悟，最终将自己的幸福错过，无端陷入更大的痛苦之中。每个人都想要比别人过得好，但是嫉妒只会让自己的生活变得更加糟糕。其实别人过得好与坏，与我们自己是没有直接关系的，人们该穷的还是会受穷，该富的自然还是变富；该有还会有，不该有的还是不会有。

生活就是如此，不要处处都去争最好。别人那些所谓的幸福也许非常诱人，但是得不到的就是得不到，与其抱怨现实的苦难，让自己痛苦不堪，还不如自我满足、自我安慰一下。做人不妨糊涂一点儿，很多时候糊涂未必是坏事。当生活让你清醒地意识到现实的差距时，我们不妨糊涂一些，不妨给幸福来一个模糊的定义。而幸福原本就没有绝对的标准，只要我们快乐就好。

心灵箴言

一个嫉妒的人就是一个贪婪的人。

——[法] 雨果

如同钢铁被铁锈腐蚀一样，妒忌者被自己的激情消耗掉。

——[古希腊] 安提西尼

生来就具有某些优秀品质的人的可靠标志是生来就没有嫉妒。

——[法] 拉罗什富科

像空气一样轻的小事，对于一个嫉妒的人，也会变成天书一样坚强的确证；也许这就可以引起一场是非。

——[英] 莎士比亚

别人的脚印里走不出自己的人生

故事话题

股神巴菲特说：“当别人贪婪时，要懂得害怕。”一味跟随别人的脚步，虽然常常能够看到幸福向自己招手，但是最后却往往发现其实已经走上了一条错误的道路。生活难免会欺骗人，它总是给我们留下许多幸福的门路，等到我们高高兴兴地踏上征程后，循着路标前进时，却发现前面出现几个大字：此路不通。也许它曾经走通过，但是我们却不再是第二个幸运儿。

追随中的幸福感很容易打折，也常常出现意想不到的危险，所以有人说：“嚼别人嚼过的馍是没有味道的。”

我们要做第一个自己，而不是第二个别人。别人留下的脚印未必就是通向光明的指标，还有可能令我们陷入陷阱之中。

故事解析

社会太浮躁，我们从未想过这些路到底适不适合自己，也没想过自己的路到底该怎么走，甚至从来没考虑过自己的路究竟在哪里。我们只是习惯性地跟随他人，别人以为好的，我们也以为很好；别人走过的成功之路，我们也认为自己会走得成功。然而事实上，当我们踩着别人的脚印前进的时候，往往已经注定了要面临一个错误的结局。

当我们努力踏着别人的脚印前行时，幸福或许只会变得更加遥不可及。同一条路上，不同的人往往都看着不同的风景。想要体味属于自己的美景，就需要走出自己的道路和风格，需要走出自己的方向和气度。

所以，幸福可以借鉴，但不能被借用。幸福是无法被复制的，人生要懂得自作主张，不要亦步亦趋地跟随别人。每个人都有自己的生活方式，都注定要留下自己的脚印。跟着别人的脚印走，必然会迷失了自己的方向，丢失了自己的人生。生活总是被潮流推着走，我们也喜欢跟着潮流走。不过第一个吃螃蟹的人往往懂得引领潮流，第二个吃螃蟹的人则只会追赶潮流，而第三个吃螃蟹的人注定了只能随波逐流

故事穿越

著名作家爱默生曾在百老汇的社会图书馆里，作过一次激动人心的演讲。那是在 1842 年 3 月，就因为他这次演讲，惠特曼萌发了创作的欲望，尤其是他说的那句：“谁说我们美国没有自己的诗篇呢？我们的诗人文豪就在这儿呢……”

这位身材高大的当代大文豪的一席慷慨激昂，和振奋人心的话，使台下的惠特曼激动不已。热血在他的胸中沸腾，浑身升腾起一股无穷的力量和无比坚定的信念，他决心渗入到各个领域、各个阶层、各种生活方式中去。他要倾听大地的、人民的、民族的心声，去创作新的不同凡响的诗篇。

1854 年，惠特曼的《草叶集》问世了。这本诗集热情奔放，冲破了传统格律的束缚，用新的形式表达了民主思想，以及对种族、民族和社会压迫的强烈抗议。它对美国和欧洲诗歌的发展产生了大的影响。

1855 年底，他出版《草叶集》第二版，在这版中，他又加进了 20 首新诗。

后来，当惠特曼决定印行第三版《草叶集》，并将一些新作补充进去时，爱默生却竭力加以劝阻。惠特曼却不以为然，他对爱默生明确表示：“在我灵魂深处，我的意念是不服从任何的束缚，而是走自己的路。《草叶集》是不会被删改的，任由它自己繁荣和枯萎吧！”他又说：“世上最脏的书就是被删减过的书，删减意味着道歉、投降……”

第三版《草叶集》出版并获得了巨大的成功。不久，它便跨越了国界，传到英格兰和世界的许多地方。

故事微语

一位哲人曾说过：“听信了别人的偏见常常会扼杀自己很有希望的幼苗。”世界上没有完全正确的人，而且对同一件事情不同的人看法也不一样。所以，你要想在生活中有所作为，闯出属于自己的一片天空，就一定不要被他人的言论所左右。只要看准了方向，就要自信地坚持自己的原则，坚定不移地走属于自己的路，这样才能避免自己的希望被自己所扼杀。

我们应当对自己有一个正确的认识，既要相信自己有用，真正认识自己的价值所在，以最大限度地发挥自己的专长，又不能好高骛远，还要充分认识自己的不足，不断改正，不断向着人生的目标前进。

历史上有许多人，曾经在曲折崎岖的道路上犹豫徘徊，更有甚者止步不前，或者倒下，也有的人为了自己的理想和抱负，在充满荆棘的道路上不断开拓进取，勇往直前，他们最终走出了自己人生的光辉之路。

所以，我们要做自己生命的主宰，不管多么崎岖多么坎坷也要义无反顾。不去在意别人的冷言冷语，让他们说去吧，何必在乎。和大多数人不一样的，未必是错误的。自己的想法别人不一定认同，这和别人的经验不一定适合自己是一样的。路，必须按自己的意愿去走。

心灵箴言

人多不足以依赖，要生存只有靠自己。

——[法] 拿破仑

没有独立气魄的人，总是依赖成性，为非作歹。

——[日] 福泽谕吉

一个人必须要有志气，不能依赖依靠别人，坚强的气魄与力量是人一生中最大的瑰宝。

——佚名

该让每个人竭力保持自己的独立性，不依赖任何人，无论他怎样爱这个人，怎样相信他。

——[俄] 车尔尼雪夫斯基

自己的幸福需要自己争取

故事话题

曾经，有位年轻工人在竞选车间主任的时候，碰到了强劲的对手——副厂长的侄子。年轻的工人知道自己没有什么背景和后台，也不懂得怎么拉拢关系，在台面上显然输了对手一筹；而对方一直都是有名的关系户，这次显然也是有备而来。他渐渐感觉自己在竞选中一定会落空，于是就主动退出了这次评选活动。

回到家中后，这个年轻工人一直愤愤不平，抱怨工厂竞争的不公，抱怨官僚主义和裙带关系的不正之风。自己在能力上完全可以压倒对方，就是因为没有背景才会失去成功的机会。他的妻子听他抱怨了半天后，突然说道："对啊！这个社会总是不公平的，但机会却是你自己放弃掉的，怨不得别人啊！"话毕，年轻工人明白过来了。于是，再也没有半句怨言。

赢

故事解析

人人都有享受到幸福的机会，但是并非人人都会感到幸福。我们习惯于表达自己的不满：我可以做得像别人一样好，可惜没有人愿意给我机会。我们习惯性地感慨自己生不逢时：为什么别人可以得到成功的机会，而我却处处受人压制。生活每天都在给你机会。它不会给你一叠现金，也不会拱手送你个好工作，但实际上，它还是在给你机会。

很多时候，我们总是把幸福看得太高，以为自己高攀不上，以为自己

无法轻易抓住。其实幸福很平凡。幸福就像阳光雨露一样，高大的树木可以享受到的，低矮的花草一样可以享受到，没有谁比谁更加受到眷顾。

世界上没有高贵的幸福，也没有低贱的幸福；世界上没有高高在上的幸福，也没有卑微到尘埃里的幸福；世界上没有万人敬仰的幸福，也没有遭人鄙视唾弃的幸福。没有谁的幸福会比别人的卑微，没有谁的幸福会比别人的憔悴。倘使说社会不曾让人人平等，那么幸福面前，绝对是人人平等的。只不过我们要摆正心态，要更加淡定地看待和把握自己的幸福，用心去体验生活的幸福，这样你就会发现自己一直很幸福。

故事穿越

一位出租车司机在有客人的时候，会迅速地跑下车，为客人打开客座车门，等客人坐好了之后再关上车门。在驾驶座坐定之后，告诉乘客放在客人旁边整整齐齐的报纸是供客人翻阅的，接着会让客人挑选喜欢的音乐播放。每个人都能在他的身上感受到对生活的热情与希望。

其实，不久前的他还是一家大公司的高级职员，在金融海啸中，却不幸地成为了“大裁员”的牺牲品。但他没有放弃希望，而是重新开始了新生活。他坚持要成为最好的那个，哪怕只是做一个出租车司机。因为他坚信，也许生活会夺走他的一次机会，但他永远会抓住下一次，这就是他选择面对挫折的方式。你可以选择在不公平里放弃，也可以选择把握每一次希望；你可以选择躲在恐惧的阴影里自怜自艾，也可以选择开创另一种可能。

机会不是等来的，而是要抓住的。每一个小小的机会累积起来，最终引导你走向的是你应得的未来。

故事微语

这是一个竞争的社会，而且是一个不公平的竞争社会。或许每个人都能享受到竞争的权利，但是并非每个人都能得到公平的眷顾。我们常常会感到来自四面八方的压力和干扰，但是机会面前始终是人人平等的，幸福从来就没有偏向任何人。我们常常抱怨别人夺走了自己成功的机会，抱怨社会夺走了自己的幸福，然而幸福其实一直都握在我们自己手中，只是我们常常主动放弃了而已。

若非拱手让人，任何人都无法轻易剥夺我们的幸福。或许每个人都会遭遇到一些悲惨的不公平的待遇，但是使我们受伤最深的往往不是这些经历，而是我们默许了苦难的发生，而是我们自己放弃了抵抗，放弃了追求幸福的机会。别人或许千方百计地阻止你获得幸福，但是只要你自己不曾放弃对幸福的追求，那么机会就永远都会为你保留。

社会遵循的是弱肉强食的竞争规律，世间没有绝对的公平，但是机会永远都存在着，生活从来没有对你关上大门，别人可以坦然地走进去，你也一样可以进去。无论世事如何复杂，无论人生何其无奈，我们每一个人都值得为自己的幸福拼搏一下。也许社会不会轻易让你得到自己想要的东西，但是自己主动放弃才是真正的可惜。

心灵箴言

自己动手，丰衣足食。

——毛泽东

天行健，君子以自强不息。

——周文王姬昌

勤劳一日,可得一夜安眠;勤劳一生,可得幸福长眠。

——[意大利] 达·芬奇

你想成为幸福的人吗？但愿你首先学会吃得起苦。

——[苏联] 屠格涅夫

讨好他人往往会迷失自我

故事话题

美国迪斯尼公司的创办者沃尔特，在给妻子写的一封信中说道："这个行业没有机智，没有应变能力，没有专业培训是不容易显露头角的。有些一肚子诡计的人，看起来很可爱，往往是由于没经验，反而容易上当，之所以我没有像羊入狼群，是因为我庆幸我请教了一个人。我很乐观……我以为很值得让人放心的是鲍维斯。"

然而，欺骗沃尔特的人，不是别人，正是他非常信任的那个鲍维斯。鲍维斯说，卡通影片录音，他拥有一组称为"电影声"的独立录音系统。据说只需要一两位音效人员和五六件乐器即可。

沃尔特的信任，使一笔又一笔的钱流进了鲍维斯的口袋，最后他对沃尔特假惺惺地说："我特别想帮助你。你的米老鼠也可用来推销我需要的电影声。比大公司给你的钱还要多，我可以帮你做到。我可以负担卖到每一个州的放映卡通片的权利的一切费用，包括推销员的开销。给我十分之一的毛利就行了。摄制卡通片的钱。我先借给你。"

但是一个月过去了，一直没有支票汇过来，满怀希望的沃尔特派人去了一趟纽约，还是没有拿到，这时的沃尔特才恍然大悟：鲍维斯是个大骗子。

故事解析

很多时候，我们并不在意自己能否过得好，反而处处去参照别人，看看别人是否过得好，然后形成一种比较。我们似乎并没有什么特定的生活目标或者幸福标准，只是单纯地以别人作为参考，自己的生活无论如何糟糕都可以接受，但是却不能容忍别人的生活超过自己。

我们习惯了忽略自己是不是真的能够得到幸福，而是紧紧把握住别人的幸福动向，想尽办法证明，别人不幸才能证明自己的幸福。

我们要扩大自己的心量，容得下自己的快乐，也要容得下别人的幸福。看到别人得到了快乐，看到别人得到了利益，你应当随喜，应当为别人感到开心。即便没有这样博大的胸怀，也要懂得引导自己的情绪。不要用恶意的眼光来对待别人，不要把别人的幸福当成一种包袱，更不要变成一种自我伤害。

故事穿越

公元 405 年秋，陶渊明为了养家糊口，来到离家乡不远的彭泽当县令。这年冬天，也就是到任 81 天时，他碰见浔阳郡派遣督邮来检查公务。浔阳郡的督邮刘云，以凶狠贪婪闻名远近，每年两次以巡视为名向辖县索要贿赂，每次都是满载而归，否则栽赃陷害。

这次派来的督邮，是个粗俗而又傲慢的人，他一到彭泽的旅舍，就差县吏去叫县令来见他。陶渊明平时蔑视功名富贵，不肯趋炎附势，对这种假借上司名义发号施令的人很瞧不起，但也不得不去见一见，于是他马上动身。

不料县吏拦住陶渊明说："大人，参见督邮要穿官服，并且束上大带，不然有失体统，督邮要乘机大做文章，会对大人不利的。"

听闻此话，陶渊明再也忍受不下去了。他长叹一声，道："我不能为五斗米向乡里小人折腰！"说罢，索性取出官印，把它封好，并且马上写了一封辞职信，随即离开只当了 80 多天县令的彭泽

故事微语

我们总是特别在意别人对自己的看法，为了得到别人的认可，我们常常委屈自己去讨好别人。我们没有勇气说出自己的看法，没有勇气坚持自己的主张，总是屈就自己，按别人的意思行事。

然而人生的路始终都是自己走的，我们应当为自己而活着，按照自己最想要的生活方式去生活。生活是为了让自己可以过得更加开心快乐，而不是为了去更好地取悦别人。人要活给自己看，每个人都有自己的活法，每个人都有自己的评判标准，我们没有必要把自己的生活权利交到对方手中。

当然，能够得到别人的认可是每一个人的心愿，没有人希望自己被人排斥和否定，但是也没有人能够让所有人都满意，即便你做得再好再完美，依然会有人唱反调。

社会学家说一个人的周围总有百分之三十的人不愿意接受他的存在，总是有百分之三十的人不相信他。可见想讨好所有人根本就行不通。有人说讨好每一个人就是得罪了每一个人，因为总是有人持有不同的标准和看法，到最后只能让你更加矛盾，更加烦恼。

心灵箴言

谄谀宜惕，正直宜宣。

——柳宗元

面誉者不忠，饰貌者不情。

——戴德

有时人们也痛恨阿谀奉承，但只痛恨阿谀奉承的方式而已。

——[法] 拉罗什富科

他恭维人的方式，肤浅的人看来似乎很迷人；精细的人却觉得是一种冒犯，因为这种急不可耐的、过火的阿谀奉承，一听就能猜出他肚里的盘算。

——[法] 巴尔扎克

心境坦然，才能拥有想要的人生

故事话题

美国总统罗斯福小时候非常脆弱胆小，总是带着一种恐惧的表情，喘着粗气。每次老师叫他起来背诵，他的双腿就开始发抖，嘴唇也颤抖起来，这让他的声音总是含含糊糊的，引来同学的哄堂大笑。

所以，他常常回避同学间的集体活动，也不喜欢交朋友，越来越孤僻。然而，罗斯福却并不甘心被自己外貌和性格上这些先天的缺陷打败，他骨子里那股不屈的奋斗精神在提醒他，不能放弃。

缺陷促使了他更加努力地改变自己，他将喘气的习惯变成了一种坚定的嘶声，他咬紧自己的牙床使嘴唇不再颤动，他用坚定的意志克服了自己的恐惧。但老天在他 39 岁的时候又给了他一记重击，罗斯福不幸地罹患了脊髓灰质炎，最终导致了终身瘫痪。但罗斯福是如此地了解自己，他太清楚自己的种种缺陷。

他从来不欺骗自己是勇敢的、强壮的、好看的。对于缺点，他克服一切可以克服的，不能克服的便加以利用，就像他童年时做的一样。通过演讲，他学会熟练地使用一种假声，以掩饰他那无人不知的龅牙。他裹着毯子、坐着轮椅进行“炉边谈话”的样子，令民众再也记不起他以前那打桩工人般的姿态。

故事解析

面对生活的不公，我们无需被愤懑和抱怨牵着鼻子走，上天并没有特别宠爱谁。面对过往，你要有“采菊东篱下，悠然见南山”的坦然；面对缺陷，你要用“天生我材必有用”的自信去看淡；面对命运，你要用“到中流击水，浪遏飞舟”的豪气去改变；面对坎坷，你要用“穷且益坚，不坠青云之志”的坚韧去跨越。

面对不公，罗斯福没有退缩和消沉，他从不抱怨上天，充分地认识自己，正确地评价自己，与困境抗争，甚至将缺陷加以利用，变为登上名誉巅峰的资本。

贝多芬的失聪、罗斯福的瘫痪、林肯的丑陋、拿破仑的矮小……上帝给他们以缺陷但也赋予了他们高贵的品行和坚强的意志，还有认识自我的头脑，于是一些凡人眼中可怕的缺陷，在他们这里已不成问题。

这些人的伟大成就掩盖了一切，让他们的形象因此而显得更加辉煌。我们也许这一生都无法取得那么大的成就，但却可以学习他们那种坦然面对自身缺陷的态度。

故事穿越

有一个发生在美国某所大学的故事：在一堂哲学课上，临近下课时，老师给同学们出了一个问题。他让一个女生到讲台上写下最难以割舍的 20 个人的名字。女生照做，这 20 个人的名字有他的邻居、朋友和亲人，等等。

当学生写完后，教授说：“请你划掉一个这里面的人。”女学生划掉了一个她邻居的名字。教授说：“请你再划掉一个。”女生又划掉了一个她的同学。教授又一次说：“请你再划掉一个。”女生就又划掉了一个……

最终，黑板上只剩下 4 个人，分别是她的父母、丈夫和孩子。教室内非常平静，所有的同学已经感到，这确实是一道难题。

这位教授最后再次平静地说：“请你再划掉两个。”这位女生迟疑着，艰难地做着选择……她举起粉笔，划掉了父母的名字。

“请再划掉一个。”身边又一次传来了教授的声音。这位女生顿时惊呆了，用颤微微的手举起粉笔缓慢而坚决地又划掉了儿子的名字。紧接着，她就“哇”的一声哭了，样子非常痛苦。

等她渐渐平静下来，教授问她这样选择的原因。女生便平静地回答说：“随着时间的推移，父母会先我们而去，孩子长大以后，肯定也会有自己的家庭，会离我而去，而真正陪伴我度过一生的只有我的丈夫。”

故事微语

在我们的一生中，总会有那些让我们无可奈何的事情让我们落泪、难过。生活，就是这样被大大小小的好与不好，开心与无奈充斥着的。我们永远不可能避免痛苦跟抉择，所以，我们要看淡人生路，笑对一切不幸际遇，糊涂处世，懂得尊重，学会放弃，珍惜人生，尽职尽责，这样才能让自己拥有和获得最完美的人生。

尽管生活很窘，但也要笑着生活，淡然是一个人面对生活所把持的基调，它决定着你在生活中是忙忙碌碌、惊慌失措，还是悠闲自得、怡然自乐。

心灵箴言

不能制约自己的人，不能称他为自由人。

——[古希腊] 毕达哥拉斯

悟道是在任何情况下都能心胸宽广地活着。

——[日] 正冈子规

人，不但与别人各异，有时候甚至跟原来的自己，也迥然不同。

——[法] 巴斯卡

知道事物应该是什么样，说明你是聪明人;知道事物实际上是什么样，说明你是有经验的人;知道怎样使事物变得更好，说明你是有才能的人。

——[法] 狄德罗

心灵榜样微史话

诸葛亮

诸葛亮，字孔明，号卧龙（也作伏龙），汉族，徐州琅琊阳都（今山东临沂市沂南县）人，三国时期蜀汉丞相，杰出的政治家、军事家、散文家、书法家、发明家。在世时被封为武乡侯，死后追谥忠武侯，东晋政权因其军事才能特追封他为武兴王。

其散文代表作有《出师表》《诫子书》等。曾发明木牛流马、孔明灯等，并改造连弩，叫做作诸葛连弩，可一弩十矢俱发。于建兴十二年在五丈原（今宝鸡岐山境内）逝世。

诸葛亮一生“鞠躬尽瘁、死而后已”，是中国传统文化中忠臣与智者的代表人物。

刘邦

刘邦，江苏沛丰邑中阳里人，汉朝开国皇帝，汉民族和汉文化伟大的开拓者之一，中国历史上杰出的政治家、卓越的战略家和指挥家。对汉族的发展，以及中国的统一和强大有突出贡献。

刘邦出身农家，为人豁达大度。历任沛县泗水亭长、沛公、汉王。公元前 206 年，刘邦军进驻霸上，秦王子婴向刘邦投降。秦朝灭亡。刘邦废秦苛法。鸿门宴后封为汉王，统治巴蜀地及汉中一带。他知人善任，注意纳谏，能充分发挥部下的才能，又注意联合各地反对项羽的力量，击败西楚霸王项羽后，统一天下。公元前 202 年，刘邦于荥阳氾水之阳即皇帝位，定都长安，史称西汉。

登基后一面消灭韩信、彭越、英布、臧荼等异姓诸侯王，又裂土分封九个同姓诸侯王。另一面建章立制并采用休养生息之宽松政策治理天下。

毛泽东对刘邦的评价是“封建皇帝里边最厉害的一个”。

王勃

唐代诗人王勃，字子安，汉族，古绛州龙门（今山西河津）人，出身于豪门望族。祖父王通是隋末大儒，号文中子；叔祖王绩是著名诗人；父亲王福畤历任太常博士、雍州司功等职，从祖王绩，王绩的诗风直接影响了王勃的诗作。而王勃兄弟六人，都以诗文为人称道。王勃曾有过“海内存知己，天涯若比邻”的感叹。

他与杨炯、卢照邻、骆宾王齐名，称为“王杨卢骆”，世称“初唐四杰”。王勃是“初唐四杰”之首。他们四人反对六朝以来颓废绮丽的风气，“思革其弊，用光志业”，致力于改革六朝文风，提出一些革新意见，开始把诗文从宫廷引向市井，从台阁移到江山和边塞，题材扩大了，风格也较清新刚健，对于革除齐梁余风、开创唐诗新气象，起了重要的作用。经过他与同时代的人的努力，“长风一振，众荫自偃，积年绮碎，一朝清廓”，以独具特色的文风，奠定了他在中国文学史上的地位。

汤显祖

中国古代伟大的浪漫主义戏曲家、文学家，被誉为东方的“莎士比亚”。字义仍，号海若、若士、清远道人。出身书香门第，早有才名，他不仅于古文诗词颇精，而且能通天文地理、医药卜筮诸书。34 岁中进士，在南京先后任太常寺博士、詹事府主簿和礼部祠祭司主事。明万历十九年（1591），他目睹当时官僚腐败愤而上《论辅臣科臣疏》，触怒了皇帝而被贬为徐闻典史，后调任浙江遂昌县知县，一任 5 年，政绩斐然，却因压制豪强，触怒权贵而招致上司的非议和地方势力的反对，终于万历二十六年（1598）愤而弃官归里。家居期间，一方面希望有“起报知遇”之日，一方面却又指望“朝廷有威风之臣，郡邑无饿虎之吏，吟咏升平，每年添一卷诗足矣”。后逐渐打消仕进之念，潜心于戏剧及诗词创作。在汤显祖多方面的成就中，以戏曲创作为最，其戏剧作品《牡丹亭》《紫钗记》《南柯记》《邯郸记》合称“临川四梦”，其中《牡丹亭》是他的代表作。汤氏的专著《宜黄县戏神清源师庙记》也是中国戏曲史上论述戏剧表演的一篇重要文献，对导演学起了拓荒开路的作用。汤显祖还是一位杰出的诗人。其诗作有《玉茗堂全集》4 卷、《红泉逸草》1 卷，《问棘邮草》2 卷。

苏洵

苏洵，字明允，号老泉，眉州眉山（今属四川眉山人）。北宋文学家，与其子苏轼、苏辙合称“三苏”，均被列入“唐宋八大家”。

苏洵少时不好读，由于父亲健在，没有养家之累，故他在青少年时代有点象李白和杜甫的任侠与壮游，走了不少地方。后来又陪同儿子两次进京，一次经水路，一次经陆路，遍游了沿途的名胜古迹。

苏洵游过的道释名胜古迹大致有青城山和峨眉山、成都的玉局观、庐山的东林寺和西林寺、虔州的天竺寺、丰都的仙都观等。苏洵游峨眉山和青城山是在青少年时期，其《忆山送人五言七十八韵》诗中云：“少年喜奇迹，落拓鞍马间。纵目视天下，爱此宇宙宽。岷峨最先见，晴光压西川。”

苏洵长于散文，尤擅政论，议论明畅，笔势雄健，著有《嘉祐集》二十卷，及《谥法》三卷，均见于《宋史本传》并传于世。

欧阳修

欧阳修，字永叔，号醉翁、六一居士，汉族，吉州永丰（今江西省吉安市永丰县）人，北宋政治家、文学家，且在政治上负有盛名。因吉州原属庐陵郡，故以“庐陵欧阳修”自居。官至翰林学士、枢密副使、参知政事，谥号文忠，世称欧阳文忠公。后人又将其与韩愈、柳宗元和苏轼合称“千古文章四大家”。与韩愈、柳宗元、苏轼、苏洵、苏辙、王安石、曾巩被世人称为“唐宋散文八大家”。

欧阳修是在宋代文学史上最早开创一代文风的文坛领袖。他领导了北宋诗文革新运动，继承并发展了韩愈的古文理论。他的散文创作的高度成就与其正确的古文理论相辅相成，从而开创了一代文风。欧阳修在变革文风的同时，也对诗风词风进行了革新。在史学方面，也有较高成就。

岳飞

岳飞，字鹏举，宋相州汤阴县（今河南安阳汤阴县）人，中国历史上著名的军事家、战略家、民族英雄，位列南宋中兴四将之首。

他重视人民抗金力量，缔造了“连结河朔”之谋，主张黄河以北的抗金义军和宋军互相配合，夹击金军，以收复失地。岳飞治军，赏罚分明，纪律严整，又能体恤部属，以身作则，他率领的“岳家军”号称“冻杀不拆屋，饿杀不打掳”；金人流传有“撼山易，撼岳家军难”的哀叹，表示对“岳家军”的最高赞誉。

岳飞反对宋廷“仅令自守以待敌，不敢远攻而求胜”的消极防御战略，一贯主张积极进攻，以夺取抗金斗争的胜利；他是南宋初唯一组织大规模进攻战役的统帅。

岳飞的文学才华也是将帅中少有的，他的不朽词作《满江红·怒发冲冠》，是千古传诵的爱国名篇，著有《岳忠武王文集》。

莎士比亚

威廉·莎士比亚生于英国中部瓦维克郡埃文河畔斯特拉特福的一位富裕的市民家庭，是欧洲文艺复兴时期最重要的作家，杰出的戏剧家和诗人。他在欧洲文学史上占有特殊的地位，被喻为“人类文学奥林匹克山上的宙斯”。他亦跟古希腊三大悲剧家埃斯库勒斯、索福克里斯及欧里庇得斯合称戏剧史上四大悲剧家。

其父约翰·莎士比亚是经营羊毛、皮革制造及谷物生意的杂货商，1565 年任镇民政官，3 年后被选为镇长。莎士比亚七岁时被送到当地的一个文法学校念书，在那里一念就是六年，掌握了写作的基本技巧与较丰富的知识，除此之外，他还学过拉丁语和希腊语。但因他的父亲破产，未能毕业就走上独自谋生之路。

1577 年被父亲从学校接回，不得已帮他父亲做了一段时间的生意。他当过肉店学徒，也曾在乡村学校教过书，还干过其他各种职业，这使他增长了许多社会阅历。

易卜生

亨利克·约翰·易卜生，生于挪威希恩一个木材商人家庭，是一位影响深远的挪威剧作家，被称为“现代戏剧之父”。

16 岁时他到格里姆斯塔镇上的一家药材店当学徒。工作余暇，经常阅读莎士比亚、歌德、拜伦的作品，随后自己也动手写诗，并学习拉丁文。

1850 年，易卜生前往首都克里斯蒂安尼亚（今奥斯陆）参加医科大学入学考试，因希腊文、数学和拉丁口语成绩不佳，未被录取。在席卷欧洲各国的资产阶级革命洪流的激荡下，易卜生结交了文艺界的一些有进步思想倾向的朋友，积极地为《工人协会报》等刊物撰稿，参加了挪威社会主义者马尔库斯·特兰内所领导的工人运动，并和两位朋友合作，出版讽刺周刊《安德里妈纳》。历经多年的磨难后，创作了大量的作品，其代表作《玩偶之家》，更是闻名于世。

狄更斯

查尔斯·约翰·赫芬姆·狄更斯生于朴次茅斯市郊，是 19 世纪英国批判现实主义小说家。狄更斯特别注意描写生活在英国社会底层的“小人物”的生活遭遇，深刻地反映了当时英国复杂的社会现实，为英国批判现实主义文学的开拓和发展做出了卓越的贡献。

狄更斯凭借勤奋和天赋创作出一大批经典著作，是个高产作家。他又是一位幽默大师，常常用妙趣横生的语言在浪漫和现实中讲述人间真相。

狄更斯是 19 世纪英国现实主义文学的主要代表。艺术上以妙趣横生的幽默、细致入微的心理分析，以及现实主义描写与浪漫主义气氛的有机结合著称。马克思把他和萨克雷等称誉为英国的“一批杰出的小说家”。他的作品至今依然盛行，对英国文学发展起到了深远的影响。主要作品有《匹克威克外传》《雾都孤儿》《老古玩店》《艰难时世》《我们共同的朋友》《双城记》等。

卡耐基

戴尔·卡耐基，美国现代成人教育之父，美国著名的人际关系学大师，西方现代人际关系教育的奠基人，被誉为是 20 世纪最伟大的心灵导师和成功学大师。他诞生于密苏里州玛丽维尔附近的一个小市镇。父亲经营一个小小的农场，家里非常穷，吃不饱，穿不暖。由于营养不良，小卡耐基非常瘦小，却长着一对与头部不很相称的大耳朵。

戴尔·卡耐基利用大量普通人不断努力取得成功的故事，通过演讲和书唤起无数陷入迷惘者的斗志，激励他们取得辉煌的成功。1936 年出版了著作《人性的弱点》，70 年来始终被西方世界视为社交技巧的圣经之一。他在 1912 年创立卡内基训练班，以教导人们人际沟通及处理压力的技巧。

心灵修养用语微解

沉着：沉着，形容人从容镇定，不慌不忙。例：沉着应战

冷静：平心静气、毫无偏见地分析道理而不感情用事，头脑冷静 。冷清寂寞；不热闹。 沉着而不感情用事。

释然：释然就是当我们有疑虑、嫌隙等消失后心中平静的样子，愉快的样子显现的意蕴。不仅在我们日常言语中常出现，在古代文言诗句中出现的比例也较高，常被利用表达其感受。

体谅：释然就是当我们有疑虑、嫌隙等消失后心中平静的样子，愉快的样子显现的意蕴。不仅在我们日常言语中常出现，在古代文言诗句中出现的比例也较高，常被利用表达其感受。

从容：意指人镇定，不慌张。《初刻拍案惊奇》：听小子从容的表白出来。从容应付：在敌人的大刀威吓下他从容就义。充裕，宽裕：时间从容。休息：神僧且从容一日。——《西游记》

贪心：指欲望大，不知足。此词延伸出了很多歌曲、游戏、算法等事物。《管子·七法》：“故有罪者不怨上，爱赏者无贪心。”何坦《西畴老人常言·应世》：“各泯其贪心而安分守节，则何夺禄败家之有？”

勇气：1. 勇往直前的气魄：夫战，勇气也。 《史记·廉颇蔺相如列传》：“赵惠文王十六年，廉颇为赵将伐齐，大破之，取阳晋，拜为上卿，以勇气闻于诸侯。”2. 敢想敢干毫不畏惧的气概：藐视困难的勇气，廉颇以勇气闻于诸侯。

风度：风度指最早是形容文采出众，风度后来延伸至礼数。风度的本意是指人的举止姿态，是一个人内在实力的自然流露，也是一种魅力。 是指人的言谈、举止、神情、姿态等，多指美好的。它主要取决于人的气质、礼仪、口才、形象等，是人们最直观的素质

淡定：指有泰山崩于前而面不改色的镇定程度，遇事沉稳中又积极果断，老练里却又重视有佳，胜不骄，败不馁； 淡定形容一种勇气。淡定，是一种思想境界，是一种心态，是生活的一种状态。也有学者指出，淡定其实是迟钝的一种特殊表现形式，即表面略显迟钝，内心却十分敏感。

怯懦：怯懦通常表现为害怕困难，意志薄弱；害怕挫折，情感脆弱；害怕交际，性格软弱。平时寡言少语，行动拘束，容易逆来顺受和屈从他人，遇事退缩，极其胆小怕事，多一事不如少一事，不愿冒半点风险，遇到困难易惊慌失措，不知如何是好，受到挫折则易自暴自弃，无地自容。

理性：理性是指人在正常思维状态下时，有自信与勇气地遇事不慌且能够全面了解和总结并尽快的分析后恰当的使用多种方案（这些方案可以是预备的或是临时的）中其中的一种方案去操作或处理，达到事件需要的效果。理性是基于正常的思维结果的行为。反之就是反理性。理性的意义之一在于对自身存在及超出自身却与生俱来的社会使命负责。

坦然：平直广阔貌：唐刘禹锡《成都府新修福成寺记》："益城右门衔大逵，坦然西驰，曰石笋街 。"形容心里平静，没有顾虑的样子：晋葛洪《抱朴子·安塉》："怡尔执待免之志，坦然无去就之谟。"安定：《南史·梁纪上》："公受言本朝，轻兵赴袭，排危冒险，刚柔递用，坦然一方，还成藩服，此又公之功也。"显然：三国·魏嵇康《明胆论》："此理坦然，非所宜滞。"

随遇而安：随遇而安，亦作" 随寓而安 "。谓处在任何环境都能适应并感到满足 。《孟子·尽心下》"若将终身焉。" 宋朱熹集注："言圣人之心，不以贫贱而有慕於外，不以富贵而有动於中，随遇而安，无预於己，所性分定故也。" 鲁迅《两地书·致许广平六》："不过能够随遇而安——即有船坐船云云。"

匹夫之勇：指不顾全局成败，单凭个人勇气行事的行为。《东周列国志》 第一百四回："端和曰：'樊於期恃匹夫之勇，不顾成败，欲以君行侥幸之事。今传檄郡县，无有应者，而王将军攻围甚急，城破之后，君何以自全乎？'" 清·陈忱《水浒后传》 第三十三回：你说尽一孤忠，上有寡母，下有娇妻，倚托何人？不可使匹夫之勇，懊悔无及。